▲ 福島荒川の侵食破堤（平成10年）（写真提供：東北地方整備局）

▲ 東海豪雨災害（平成12年）に伴う新川破堤（写真提供：国土交通省）

▲ 刈谷田川からの氾濫状況（平成16年）
（写真提供：国土交通省）

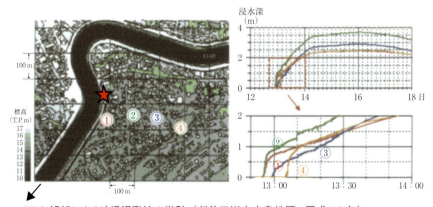

▲ FDS解析による破堤氾濫流の挙動（刈谷田川中之島地区：平成16年）

▲ 鬼怒川水害(平成27年)による破堤箇所近くの被災状況

▲ 広島土砂災害(平成26年)(写真提供:国土交通省)

▲ 福岡地下水害(平成11年)　　　▲ 安倍川における水防活動
　(写真提供:九州地方整備局)　　　　(写真提供:中部地方整備局)

▲ 釜無川の聖牛
（写真提供：甲府河川国道事務所）

▲ 黒部川のピストル水制

▲ 急流河川の堤防護岸（富士川）

▲ 富士川支川大武川の床止め群

▲ 渡良瀬遊水地
（写真提供：群馬県板倉町）

▲ 鶴田ダムによる洪水調節（平成18年）
（写真提供：九州地方計画協会）

▲ 斐伊川放水路の分流堰

▲ 比丘尼橋下流調節池
（荒川支川白子川）

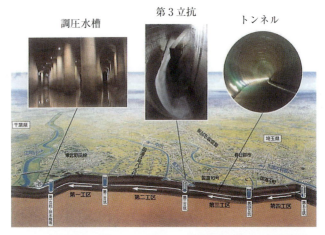
▲ 首都圏外郭放水路（中川流域）（写真提供：関東地方整備局）

▲ 耐越水堤防の実験状況

▲ 山梨大学レーダー雨量計

水害から治水を考える
教訓から得られた水害減災論

末次忠司 著

技報堂出版

書籍のコピー，スキャン，デジタル化等による複製は，
著作権法上での例外を除き禁じられています。

‖ 目　次 ‖

1. はじめに …………………………………………………………… *1*

2. 水害被害傾向の分析 ……………………………………………… *3*
   2.1　長期的水害被害トレンド ………………………………… *3*
   2.2　中期的水害被害トレンド ………………………………… *7*
   2.3　中期的にみた水害被害の分析 …………………………… *8*

3. 巨大水害の特徴分析 ……………………………………………… *13*

4. 特徴的な水害と教訓 ……………………………………………… *19*

5. 水害被害に至るまでの現象分析 ………………………………… *31*
   5.1　豪雨・流出特性 …………………………………………… *31*
   　　（1）豪雨特性 ……………………………………………… *31*
   　　（2）流出特性 ……………………………………………… *35*
   5.2　洪水・流砂特性 …………………………………………… *38*
   5.3　越流・破堤特性 …………………………………………… *46*
   5.4　氾濫特性 …………………………………………………… *56*
   5.5　被害を助長する要因 ……………………………………… *65*

6. 水害被害に対する対応 …………………………………………… *71*
   6.1　戦後の水害と治水対策 …………………………………… *71*
   　　（1）法律・制度・組織の変遷 …………………………… *71*
   　　（2）治水施設の整備 ……………………………………… *74*
   　　（3）施設の運用・管理による対応 ……………………… *87*
   　　（4）ソフト対策の推進 …………………………………… *91*
   　　（5）災害復旧工法 ………………………………………… *102*
   6.2　最近30年間の出来事・対策・事業 ……………………… *107*
   6.3　河川研究と観測・解析技術 ……………………………… *116*

(1) 河川研究の動向 ……………………………………… *116*
　　(2) 河川・気象に関する観測・解析技術 ………………… *119*

7. 水害被害傾向・原因からみた減災対策 ………………… *123*
　7.1　水害被害特性 ………………………………………… *123*
　7.2　今後の減災のあり方 ………………………………… *127*
　7.3　個人の危機回避策 …………………………………… *131*

8. おわりに（10〜20年後の水害と減災）……………… *137*

　文中の略称 ………………………………………………… *142*

【付録】
　付録1：平成27（2015）年関東・東北豪雨による
　　　　 鬼怒川破堤災害調査報告 ………………………… *143*
　付録2：水害論・洪水論などに関する書籍 …………… *152*
　付録3：知っておくと便利な数値 ……………………… *153*

【コラムの目次】
　① 豪雨とは？ … *6* ／② 大型台風の襲来は減ったか … *8* ／③ 届かなかったメッセージ … *21* ／④ キャンパー事故 … *22* ／⑤ 道路管理と河川管理の板挟み … *44* ／⑥ 破堤までの時間 … *48* ／⑦ 複合した破堤原因 … *52* ／⑧ 堤防は城の石垣？ … *53* ／⑨ 手戻りを減らす越流流量の式 … *56* ／⑩ 安全にできる避難活動 … *62* ／⑪ 水防の神様 … *93* ／⑫ 大東水害訴訟での河川管理の制約 … *108* ／⑬ 氾濫シミュレーション手法の改善 … *109* ／⑭ 水理模型実験で経験する … *119* ／⑮ 破堤原因の見極め方 … *126* ／⑯ 氾濫原管理の難しさ … *130*

‖1‖ はじめに

　ここ30年間で河川・洪水論の書籍は数多く出されているが，水害・防災論の書籍は少ない。

　過去の水害被害の状況や水害への対応を振り返ってみることは，今後の治水を考えるうえで重要なことである。本著では，水害に関わる現象や事例を客観的・系統的に比較・分析するとともに，その結果に鑑みて，減災のための効果的なハード対策，臨機応変のソフト対策について考察し，減災のためのノウハウを記述した。

　本著は，項目ごとに水害や治水の歴史を振り返り，過去から得られた教訓や，今後の治水のあり方について述べた。構成からもわかるように，水害・治水の歴史や教訓はコンサルタント業務に参考となるし，今後の治水に関する展望は行政機関が今後減災を進めていくうえでのヒントになると思われる。

　平成27（2015）年9月に茨城県常総市で発生した関東・東北豪雨に伴う鬼怒川破堤災害についても，付録や関連する箇所で記述している。また，16のコラムを設け，水害被害や対策に関する主観的な考察も記載している。

　戦後の水害・治水の大局的な流れを治水関連の法律・制度・事業，当時の背景などとともに次ページに表記した。今後の「管理の時代」に記載した「広域減災関連法」とは，広域的な巨大水害に対応するため国・県・市が連携する減災を法律で位置づける必要があることを表している。

　平成28年7月

末次　忠司

1. はじめに

年代	水害と治水	法律・制度・事業	背景
昭和20(1945)～昭和34(1959)年 大水害の時代	戦後枕崎・カスリーン台風などの大型台風の襲来により、壊滅的な被害を被った。昭和28(1953)年には梅雨前線豪雨などが発生し、九州・和歌山は大水害となり、伊勢湾台風では戦後最多の死者・行方不明者となった	災害救助法 水防法 河川砂防技術基準	国土の荒廃 戦後復興
昭和35(1960)～昭和47(1972)年 ハードの洪水防御	伊勢湾台風を受けて、治水事業の長期計画が策定された。この時代には太田川・狩野川放水路や渡良瀬遊水地のような大規模治水事業が行われた。土石流災害などに対する土砂災害対策も開始された。1972(昭和47)年には最後の全国規模の水害が発生した	治水事業十箇年計画 治山治水緊急措置法 災害対策基本法 激甚災害法 河川法の改正 土砂災害対策事業	高度経済成長 GNP世界2位 公害問題
昭和48(1973)～昭和59(1984)年 都市水害の顕在化	直轄の多摩川・石狩川・長良川水害に加え、相次ぐ都市水害を受けて、総合治水対策事業が開始された。このころ、神田川や鶴見川などの都市河川災害が多発した。水害訴訟が多くなりはじめた時期でもあった	河川管理施設等構造令 総合治水対策特定河川事業	経済危機 権利の主張 公害訴訟の増加
昭和60(1985)～平成8(1996)年 新たな対策の時代	経済規模の拡大に伴って、スーパー堤防、地下河川・調節池などのプロジェクトが進行した。ソフト対策としては、洪水ハザードマップが作成・公表された	災害対策基本法の改正 総合治水関連の事業	米国からの内需圧力 バブル経済とその崩壊 環境重視
平成9(1997)年～現在 減災の時代	豪雨の増大により、福岡で地下水害、名古屋で東海豪雨災害が発生した。これらを受けて特定都市河川浸水被害対策法が制定された。河川法改正を受けて新たな河道計画が策定されたり、東日本大震災により法律が改正された	河川法の改正 土砂災害防止法 特定都市河川法 水防法・災害対策基本法の改正	安定経済成長 個人の尊重 少子高齢化 人口減少
今後 管理の時代	経済成長期に建設された多数の河川管理施設が更新の時期を迎えるため、建設投資額が圧迫され、施設の維持管理を中心に行う時代となる。そのため、治水も実質的に災害復旧中心となる。高齢化に対応した減災が必要となる	広域減災関連法 管理型減災	低経済成長 多種多様化の時代 社会変化への対応

‖2‖ 水害被害傾向の分析

2.1 長期的水害被害トレンド

水害被害を戦後約70年間の長期トレンドでみると，
- 水害による死者・行方不明者数や被災家屋数は減少している
- 水害被害額は大きく変化していない

となる。堤防やダムなどの治水施設の整備，各種気象警報の発令数の増加に伴って，水害被害は減少傾向にある（**図2.1**）が，人口や資産の集積した都市域で発生する都市水害や水害に脆弱な地域の被災などにより水害被害額自体は減少傾向にはない（**図2.2**）。こうした**状況に影響を及ぼしている要因**をみると，
- 直轄完成堤延長は45年前と比べて約2倍
- 最近5年間の警報発令数は昭和40年代（アメダス運用前）と比べて8～10倍
- 最近17年間の水害被害密度はそれ以前と比べて3～4倍

ということがわかる。図2.1のように，**治水対策**は1次関数的に進展しているのに対して，被災家屋数などの水害被害はそれ以上に対数関数的に減少しているのが特徴である。ここで，堤防は直轄区間の完成堤（定規断面堤防）の延長，ダムは総貯水容量が1 000万 m^3 以上の洪水調節容量[1]（指標として今回初めて採用した），警報発令数は大雨・高潮・洪水警報の総数，水害被害密度＝（一般資産等水害被害額[2] － 農作物被害額）／農地を除いた浸水面積，で表している。警報では，昭和63（1988）年3月までは暴風雨警報が発令されていたが，

---

[1] 国内には約3 000のダムがあるが，総貯水容量が1 000万 m^3 以上のダムは約300あり，このうち，竣工年度と洪水調節容量が判明している243ダムを対象とした（日本ダム協会『ダム年鑑 2014』2014年）。昭和25（1950）年からの累積洪水調節容量で示している

[2] 一般資産等水害被害額 ＝ 水害被害額 －（公共土木施設被害額 ＋ 公益事業等被害額）：公益事業とはライフラインなどで，被害額は全体の1～2％と少ないが，停電などの影響は非常に大きい（国土交通省：水害統計）

‖2‖ 水害被害傾向の分析

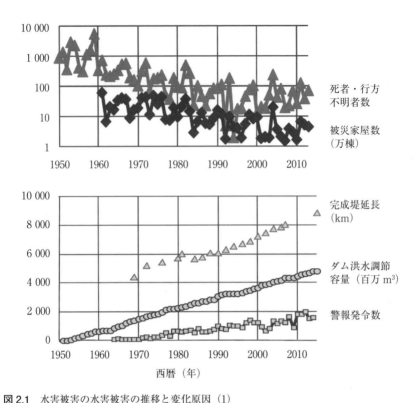

図 2.1 水害被害の水害被害の推移と変化原因（1）
—死者・行方不明者数・被災家屋数と完成堤延長・ダム洪水調節容量（累積）・警報発令数—

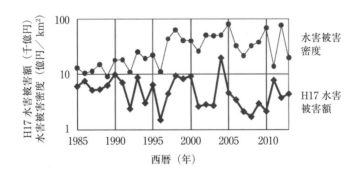

図 2.2 水害被害の推移と変化原因（2）—水害被害額と水害被害密度—
H17 水害被害額とは，デフレータにより 2005（平成 17）年の物価に換算した被害額である

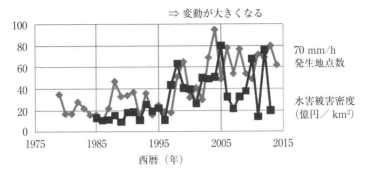

図 2.3 水害被害密度と豪雨発生地点数
豪雨データでは北緯 30 度以南の亜熱帯地方，標高 700 m 以上の高地は除いている

その後暴風警報に変更されたので，警報数としては計上していない。

　<u>水害被害の傾向</u>として特徴的なのは，水害被害額だけが減少傾向にないことで，この原因が都市水害の増加にあることを示した。変動はあるものの，都市水害の指標となる水害被害密度は平成 9（1997）年以降高い傾向にあり，70 mm/h 以上の豪雨も平成 10（1998）年以降が多い傾向にある（**図 2.3**）。両者の増加時期は近いが，これらの間に何らかの関係があるのであろうか。

　豪雨をもたらす元々の原因は積乱雲などの気象現象であるが，豪雨を助長するのは水蒸気以外では気温上昇に伴う上昇気流の影響が強い。この気温上昇は長期的な地球温暖化以外に，都市活動に伴う人工排熱（自動車，工場，エアコン）や土地被覆（地面のアスファルト化など）が影響していると考えられる。水害・豪雨が変化しはじめた平成 10（1998）年を昭和 55（1980）年（約 20 年前）と比較すると，全国で道路・建物面積がそれぞれ 1.2 倍（国土交通省調べ），自動車台数が 2 倍，エアコン台数が 4 倍に変化しており，こうした都市熱環境の変化が豪雨増加を招いたのではないかと考えられる。

　自然災害全体でみると，昭和 34（1959）年の伊勢湾台風以降で 1 000 人以上の犠牲者を出した災害は平成 7（1995）年の阪神・淡路大震災までなく，この 36 年間の大災害空白期間があったために，日本は経済成長を成し遂げることができたとも言える。

2 水害被害傾向の分析

|コ・ラ・ム| 豪雨とは？| 豪雨は大雨警報の 50 mm/h が採用されるなど，人・機関により定義が異なる．本著で 70 mm/h 以上を豪雨としたのは，① この値が水害を発生させる記録的短時間大雨情報の下限値であること，② 地下水害は 70 mm/h 以上で発生している（**表 4.2**）ことからである．図 5.2 の「降雨量と浸水棟数」の図でも，70 mm/h 以上が大水害発生の目安となっている．なお，筆者が経験した最大時間雨量は 100 mm で，車で高速ワイパーを動かしても前がみえないほどであった．

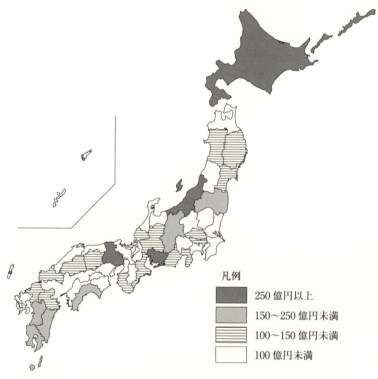

図 2.4　都道府県の過去 30 年平均の水害被害額

最後に地域ごとの水害被害額についてみてみる（**図 2.4**）。過去 30 年間（昭和 59～平成 25 年）の名目被害額の平均でみると，250 億円／年以上は 4 道県，

150〜250 億円未満／年は 6 県あり
　　　　＜平均＞
1) 兵庫県　317 億円‥‥4 250 億円（平成 16 年），1 073 億円（平成 21 年）
2) 新潟県　309 億円‥‥2 450 億円（平成 16 年），1 353 億円（平成 7 年）
3) 愛知県　286 億円‥‥6 562 億円（平成 12 年）：対象期間最大の年間被害額
　：
　：
46) 沖縄県　28 億円
47) 滋賀県　26 億円

などとなっている[1]。兵庫県，新潟県は平成 16（2004）年水害の被害額が大きく，愛知県は平成 12（2000）年の東海豪雨災害の被害額が圧倒的に大きくなっている。なお，全国平均は 121 億円である。

2.2 中期的水害被害トレンド

　水害被害トレンドを 10 年間前後の中期トレンドでみると，また 2.1 節とは異なった傾向がみえてくる。最も詳細な水害統計は国土交通省が発行しているが，水害被害額が現在の内訳[2]になったのは昭和 42（1967）年であるため，昭和 45（1970）〜平成 25（2013）年の 44 年間を対象に分析を行った。各期間における水害被害のマクロな傾向は

期　間	年　数	被害の傾向
① 昭和 45(1970)〜昭和 58(1983)年	14 年間	大水害の頻発期
② 昭和 59(1984)〜平成 4(1992)年	9 年間	少水害期：小康状態期
③ 平成 5(1993)〜平成 16(2004)年	12 年間	水害の変動期
④ 平成 17(2005)〜平成 25(2013)年	9 年間	少水害期：小康状態期

と分析できる。水害被害が多い時期と少ない時期が繰り返されており，その周期はやや短くなってきている。

---

1) 水害統計を用いて計算した
2) 洪水被害額の分類で，「その他」が「土砂害」と「その他」に細分され，「溢水」が「有堤溢水」と「無堤溢水」に細分された。「無堤溢水」は「浸水」と表現されることもある

水害被害の質的変化としては，破堤被害はまだ発生しているものの，大河川ではなく，中小河川で多く発生している．また，一般資産等被害額のなかの洪水被害額に占める割合でみると，内水は通算平均47％（昭和42～平成25年）に対して，平成元（1989）～平成14（2002）年は60～80％の年もあったが，その後は相対的に有堤・無堤溢水の割合が増大している．ただ，三大都市圏は内水被害額の割合が大きい．

 ・有堤溢水：平均22％に対して，近年30～44％（多くて平均の約2倍）の年もある
 ・無堤溢水：平均16％に対して，近年20～33％（多くて平均の約2倍）の年もある

一方，被災家屋数の割合をみると，床下浸水は通算平均77％（昭和50～平成25年）に対して，昭和60年代～平成初めは85～90％の年もあったが，近年は相対的に半壊や床上浸水の割合が多くなっている．

 ・半　　壊：平均1.7％に対して，近年4～10％の年もある
 ・床上浸水：平均21％に対して，近年27～35％の年もある

|コ・ラ・ム| **大型台風の襲来は減ったか** | 以前に比べて，近年大型台風の襲来が少なくなったと気象や防災の専門家でも言うけれども，はたしてそうであろうか．昭和20（1945）～平成3（1991）年の間の上陸台風による総雨量・最低気圧・最大風速のデータ分析結果によれば，そうした傾向は必ずしもみられない*．

＊ 末次忠司「氾濫原管理のための氾濫解析手法の精度向上と応用に関する研究」
　九州大学学位論文，p.9，1998年

2.3　中期的にみた水害被害の分析[1]

中期的な水害被害の傾向を，各々の期間（**図2.5**）についてみてみると，以下のとおりである．なお，文中の順位は昭和45（1970）年以降の順位を表している．

8

2.3 中期的にみた水害被害の分析

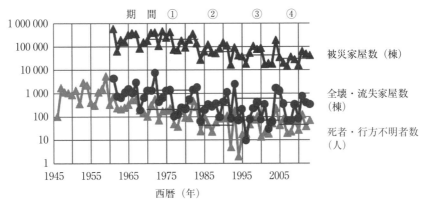

図 2.5 死者・行方不明者数，被災家屋数，全壊・流失家屋数およびその期別平均
図中の横線は期間内の平均値を表している

大水害の頻発期 ① 昭和 45（1970）～ 58（1983）年

　特に昭和 47（1972）年 7 月（2 出水）の水害は最後の全国規模の水害で，北九州，島根，広島などで水害が発生するなどして，同年は死者・行方不明者数（1位）や被災家屋数（3位）が多く，浸水面積（2位）も広かった。特に島根県では江の川支川の馬洗川破堤（2 か所）により被災するなど，全国で全壊・流失[2]した家屋数が 7 000 棟以上と 1 位であった。この水害以降，権利主張の活発化や公害訴訟の影響により水害訴訟が増加し，昭和 50（1975）年には最多の 7 件の水害訴訟が提訴された。昭和 51（1976）年 9 月の台風 17 号（記録的な雨台風）による長良川水害では長良川が岐阜県安八町で浸透破堤し，同年は大きな水害被害額（3位）となったほか，被災家屋数（2位）も多かった。また，昭和 57（1982）年 7 月の長崎水害では土石流などによる土砂災害が多発したほか，浸水被害が発生し，死者・行方不明者数は 439 人となった。同年は死者・行方不明者数，水害被害額とも 2 位にランクされたほか，土砂災害による被害額も 2 位を記録した。翌昭和 58（1983）年の山陰水害でも島根県などで土砂災害が発生し，同年の土砂災害による死者・行方不明者は 100 人以上となった。

---

1) 栗城 稔・末次忠司「戦後治水行政の潮流と展望—戦後治水レポート—」土木研究所資料，第 3297 号，1994 年
2) 昭和 50（1975）年より半壊・床上浸水のうち，主要構造部分の 20 ～ 50 ％未満の破損を半壊と定義し，床上浸水と区別された

(少水害期) ② 昭和59（1984）〜平成4（1992）年

利根川支川の小貝川が破堤した昭和61（1986）年水害，台風19号（記録的な風台風）による平成3（1991）年水害などが発生したが，ほかの期間に比べると，比較的水害の少ない期間であった．ただし，平成3（1991）年の台風19号は洞爺丸台風（昭和29年9月）と並ぶ記録的な風台風（通称リンゴ台風）で，各地で50 m/s以上の最大瞬間風速となり，北部九州における風倒木災害などで損害保険の支払い額（約5 700億円）が当時世界最高を記録した[1]．九州以外にも，東北地方や北海道を台風が直撃し，被害を及ぼした．台風による災害は雨の災害ではなく，風害や高潮災害が多かった．

(水害の変動期) ③ 平成5（1993）〜平成16（2004）年

この期間は農村部が被災した平成10（1998）年8月末水害や新潟・福島豪雨災害（平成16年7月），都市部が被災した東海豪雨（平成12年9月）や福井水害（平成16年7月）などが発生した一方で，平成8（1996）年には浸水面積および水害被害額（平成17年物価換算）が最低となったし，被災家屋数が2万棟以下になった年が3年もあるなど，被害の変動が非常に大きな期間となった．特に平成16（2004）年と平成12（2000）年の全国の破堤被害額はそれぞれ名目で4 930億円，2 505億円と飛び抜けて大きな額であった（図2.6）．平成16（2004）

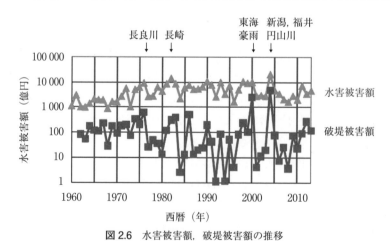

図2.6　水害被害額，破堤被害額の推移

---

1) 末次忠司『河川技術ハンドブック』鹿島出版会, p.135, 2010年

年には信濃川支川の刈谷田川・五十嵐川，円山川が破堤し，平成 12（2000）年には名古屋の庄内川支川新川が破堤した．平成 16（2004）年は昭和 58（1983）年以来の死者・行方不明者数で，240 人が犠牲となった．また，平成 5（1993）年 8 月（2 出水）は鹿児島で多数の土砂災害が発生するなどして，全壊・流失家屋数は昭和 47（1972）年に次ぐ 2 位を記録した（**図 2.5**）．

少水害期　④ 平成 17（2005）～平成 25（2013）年

この期間は②の期間と同様に，大きな水害が少なく，台風 12 号（紀伊半島水害）・15 号が被害をもたらした平成 23（2011）年を除けば，死者・行方不明者数が 100 人を超える年はなかったし，浸水面積も 300 km² を超える年はなかった．しかし，**土砂災害**は多く，平成 23（2011）年に和歌山・福島・奈良で，平成 25（2013）年に伊豆大島で，平成 26（2014）年に広島で災害が発生した．福島の地すべり以外はほとんどが土石流災害であった．

土砂災害の被害額は水害被害額の約 5％ を占めるにすぎないが，死者数は多く，統計が取られはじめた昭和 40 年代は毎年のように年間 100～400 人という多くの人が犠牲となり，このころより土砂災害対策が行われるようになった．過去約 40 年間では

　昭和 57（1982）年 337 人：長崎水害では長崎県 299 人，うち長崎市 194 人
　昭和 58（1983）年 107 人：山陰豪雨では島根県 87 人，うち三隅町 28 人
　平成　5（1993）年 174 人：平成 5 年 8 月 6 日豪雨では鹿児島県 49 人，
　　　　　　　　　　　　　　うち鹿児島市 47 人

が土砂災害の犠牲となったが，それ以降 100 人以上の犠牲者が出た年はない（**図 2.7**）．土砂災害はがけ崩れ，土石流，地すべりに分類され，砂防便覧などによると，死者・行方不明者数は以前はがけ崩れが多かったが，ここ 10 年でみれば土石流が多い（広島（平成 26 年 8 月）（73 人）や伊豆大島（平成 25 年 10 月）（39 人）のように，1 件あたりの死者・行方不明者数は土石流が多い）．地すべりによる死者・行方不明者数は阪神・淡路大震災（平成 7 年 1 月）により 34 人が亡くなったが，それ以降は少ない．なお，昭和 42（1967）年以降における水害の死者・行方不明者数に占める土砂災害の割合は 61％ である．

昭和 42（1967）年の六甲の土砂災害（死者・行方不明者 92 人），昭和 57（1982）年の長崎水害（299 人）は何れも傾斜地の住宅が巻き込まれた災害であった．

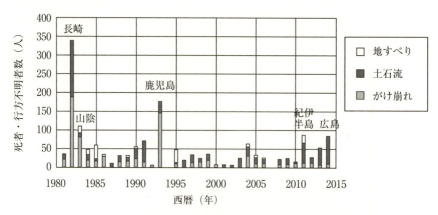

図 2.7 原因別に見た土砂災害による死者・行方不明者数
＊2015 年はデータ未記入である

平成 26（2014）年の広島での土砂災害でも 75 人が犠牲となったが，被災地は斜面での開発を追認し，1970 年代に市街化区域に指定された場所だった。傾斜度 15％以上にある人口集中地区（4 000 人／km² 以上）の面積・人口でみると，面積では

① 横 浜 市：47 km²，368 万人
② 長 崎 市：23 km²，44 万人
③ 広 島 市：21 km²，117 万人
④ 神 戸 市：20 km²，154 万人
⑤ 北九州市：20 km²，97 万人

の順に多かった[1]。例えば，横浜の 6 割を占める丘陵地は戦後の経済成長期に宅地化が進んだ。平成 25（2013）年までの 10 年間に市内 166 か所でがけ崩れが発生したが，多くは土砂災害防止法で避難体制の整備が求められる土砂災害警戒区域であった。

---

1) 読売新聞朝刊，2015 年 8 月 18 日

‖3‖
巨大水害の特徴分析

　20世紀に死者・行方不明者数が1 000人以上の水害は9回発生したが，昭和34（1959）年の伊勢湾台風以降は発生していない。特に戦後は国土が荒廃し，そこへ大型台風が襲来したため，大水害が多く発生した。枕崎台風は広島地方を中心に，カスリーン台風は関東から東北地方にかけて，ジェーン台風は近畿地方を中心に，ルース台風は九州地方を中心に大きな被害をもたらした。表3.1に示した巨大水害のうち，昭和28（1953）年に発生した水害以外は9月に発生した台風災害である。

【室戸台風】
　史上最低気圧（912 hPa）と強い風速（60 m/s）により，大阪市では小学校の校舎倒壊により教員・生徒750人が死亡したほか，四天王寺の五重塔が倒壊した。また，京都市でも校舎が倒壊したほか，大阪市のハンセン病療養所で高波により約190人が死亡した。このように，近畿地方を中心に洪水・高潮被害が発生した。その結果，62万棟以上の家屋が被災した（過去最多の被災家屋数）。

【枕崎台風】
　戦後報道規制され，国民にはあまり知られていなかったが，枕崎台風では広島県呉市でがけ崩れ・土石流により，1 156人が亡くなったり，また原爆被災者を治療していた大野陸軍病院（広島県佐伯郡大野町）を土石流が襲い，約180人が死亡するなど，戦後2位の死者・行方不明者数となった。柳田邦男のノンフィクション小説『空白の天気図』のなかで描かれた

【カスリーン台風】
　カスリーン台風では関東北部（群馬・栃木）で土石流災害が発生したほか，利根川破堤により埼玉・東京で氾濫被害が発生した。利根川洪水と渡良瀬川洪

‖3‖ 巨大水害の特徴分析

表3.1 巨大水害の被害概要

発生年月・原因	被害順位	水害被害の概要
昭和9(1934)年9月 室戸台風	被災家屋数1位	戦前の水害ではあるが,史上最低気圧(912 hPa)と強い風速(60 m/s)により,学校の倒壊などの洪水・高潮被害が近畿地方を中心に発生した。この台風により**約62万棟**(1位)が被災した。昭和36(1961)年9月には進路・勢力などが類似した第二室戸台風により被害が発生した
昭和20(1945)年9月 枕崎台風	死者・行方不明者数2位	呉市でがけ崩れ・土石流により,1 156人が亡くなるなど,広島地方(死者数の半数)を中心に,関東地方以西で大きな被害が発生し,**3 746人**(戦後2位)が犠牲となったが,戦後の混乱のなかであまり報道されなかった。この年は台風のほか,戦争の影響,阿久根台風(昭和20年10月)により,明治35(1902)年以来の大凶作となった
昭和22(1947)年9月 カスリーン台風	死者・行方不明者数3位	典型的な雨台風により,関東・東北地方に被害をもたらし,群馬県赤城山などでは山津波などで592人が死亡,利根川新川通(埼玉)の破堤では14.5万戸が浸水するなど,**1 930人**の死者・行方不明者,約70億円の被害が発生した。破堤災害はほかに荒川・渡良瀬川・那珂川などでも発生し,各地に壊滅的な被害を与えた
昭和28(1953)年6月 梅雨前線豪雨	年間水害被害額1位	九州北部全域で500 mm以上の豪雨となり,筑後川・白川・菊池川などで甚大な被害が発生した。特に筑後川では直轄区間だけで,26か所で決壊した。昭和28(1953)年災害に対して,28本の災害特別立法が組まれた。この年は和歌山が被災した南紀豪雨(7月)などもあり,年間水害被害額**2.9兆円**(平成17年価格)は歴代1位である
昭和33(1958)年9月 狩野川台風 (写真3.1)	被災家屋数4位	伊豆半島・関東南部で被害が発生し,特に伊豆半島では狩野川の各所で破堤災害が発生するなど,**52.6万戸**の家屋が被災した。これまで水害が少なかった東京の台地が被災し,「山の手水害」とも呼ばれ,東京では27万戸が浸水した。洞爺丸台風(昭和29年9月),伊勢湾台風とも台風襲来日は9月26日で,この日は水害の特異日と言われている
昭和34(1959)年9月 伊勢湾台風 (写真3.2)	死者・行方不明者数1位,被災家屋数2位,年間水害被害額2位	洪水と高潮による被害が発生した(死者・行方不明者数**5 098人**:戦後1位)が,特に潮位の高い高潮により運ばれた貯木場の貯木が,家屋を破壊して,さらに流木を増やすなどして,**55.7万戸**の家屋が被災したほか,伊勢湾沿岸の高潮で多数の犠牲者(約9割)がでた。地下水汲み上げに伴う地盤沈下によるゼロメートル地帯の拡大も氾濫に影響した。室戸台風,枕崎台風とともに,昭和三大台風と呼ばれる

出典:末次忠司『河川技術ハンドブック』鹿島出版会,p.132,2010年に加筆

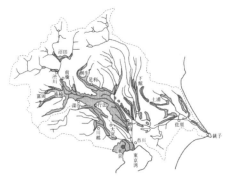
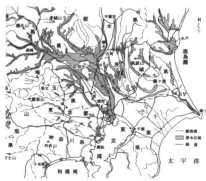

(a) 明治43（1910）年水害の浸水域　　　　　　(b) カスリーン台風の浸水域

図 3.1　明治43（1910）年水害とカスリーン台風による浸水域
(a) 出典：建設省関東地方建設局『利根川百年史』建設省関東地方建設局，1987年
(b) 出典：カスリーン台風写真集刊行委員会『報道写真集 カスリーン台風』埼玉新聞社, p.9, 1997年

水が同時にピークとなったほか，利根川橋梁（東北本線，東武日光線）で流木により水位上昇したために，埼玉県東村で越水し，340 m にわたって破堤した。渡良瀬川でも2か所がそれぞれ約300 m 破堤した。破堤氾濫に伴い，浸水は明治43（1910）年水害に匹敵する利根川中〜上流域，江戸川流域などの広範囲に及んだ（**図 3.1**）。水害被害額は国家予算の1/5に相当するものだった。

【昭和28（1953）年西日本水害ほか】

6月の梅雨前線豪雨（西日本水害），7月の南紀豪雨（和歌山）などがあり，全国ほとんどの都府県で水害が発生した。九州では熊本と福岡の被害が大きく，白川では17橋梁のうち，完全に残ったのは1橋梁で，流域は240万 m^3 の泥土で埋まった。筑後川では夜明地点より下流の直轄区間で26か所が決壊し，流域で38万人が被災した。全国で年間2.9兆円（平成17年価格）の水害被害となり，この被害額は現在でも最高被害額である。この水害が契機となって，昭和28（1953）年に治山治水基本対策要綱が策定され，その後の治水長期計画の基礎となった。

‖3‖ 巨大水害の特徴分析

写真 3.1　狩野川台風による被災状況（出典：中部建設協会（現 中部地域づくり協会）資料）
中島地区（静岡県伊豆長岡町）の被災状況で，屋敷林で囲まれた中央の集落以外は流失した

【狩野川台風】

　狩野川台風（**写真 3.1**）では静岡県湯ヶ島で 753 mm の総雨量（最大 120 mm/h）を記録し，旧修善寺町や大仁町の被害が大きかった。中下流では 15 か所で破堤し，旧修善寺町では鉄砲水が避難所であった中学校を流失させた。天城山では約 1 200 か所の山腹・渓流崩壊が発生するなど，上流で山腹崩壊や土石流災害が発生し，中流では勢いのある洪水流が堤防を破壊しながら下流へ流下していった。橋梁で流木閉塞が生じて，堰止め湖（天然ダム）を形成してさらに勢いのある洪水流となって被害がさらに助長された。

【伊勢湾台風】

　伊勢湾台風（**写真 3.2**）では高潮，氾濫により戦後最多の 5 098 人の死者・行方不明者を記録した。犠牲者の約 9 割が伊勢湾沿岸の高潮による被害者で，貯木場の貯木が高潮によって運ばれて流木化し，多くの人々や家屋に被害を与えた。全国で年間 2.1 兆円（平成 17 年価格）（2 位）の水害被害となった。台風の通過と高潮時が一致し，既往最高潮位[1]を記録したことが被害を大きくした一因であるが，元々ゼロメートル地帯であったのに加えて，地下水の汲み上げにより地盤沈下が発生したことも影響した。被災家屋数 557 501 棟および全

写真 3.2 伊勢湾台風時の貯木による被災状況（出典：建設省中部地方建設局）

半壊家屋数 40 838 棟とも戦後の水害では史上最高の記録であった。

表 3.1 の昭和三大台風の特性を比較すると，以下のように死者・行方不明者数は伊勢湾台風が最も多いが，台風の威力を表す最低気圧や風速をみると，室戸・枕崎台風がいかに強大な威力を持った台風であったかがわかる。ここで，最大風速は 10 分間の平均風速の最大値，最大瞬間風速は瞬間風速（測定値を 3 秒間平均した値）の最大値である。

	室戸台風	枕崎台風	伊勢湾台風
上陸年月日	昭和9(1934)年 9月21日	昭和20(1945)年 9月17日	昭和34(1959)年 9月26日
最低気圧	912 hPa(室戸岬)	916 hPa(枕崎)	929 hPa(潮岬)
最大風速 最大瞬間風速	45 m/s 以上(室戸岬) 60 m/s(室戸岬)	51 m/s(宮崎 細島) 76 m/s(宮崎 細島)	45 m/s(伊良湖) 55 m/s(伊良湖)
被災状況 　死者・行方不明者数 　被災家屋数	 3 036 人 62 万棟	 3 756 人(2位)* 44.6 万棟	 5 098 人(1位)* 55.7 万棟(1位)*

* 被災状況の歴代順位は戦後の台風のなかでの順位である

---

1) 干満の影響を除いた最大偏差が 3.45 m（平常潮位を加えると 3.89 m の潮位）であった

4

特徴的な水害と教訓

　3章では法律・制度などに影響を及ぼすような大水害について述べた。本章では大水害ではないが，今後の減災を考えるにあたって，課題を提起したり，教訓が得られた特徴的な水害について述べる。

　表4.1に示したように，各々の水害にはいくつかの**教訓**がみられる。例えば，酒匂川(さかわ)支川の玄倉川(くろくら)のキャンパー事故ではキャンプという開放的な行動時には，なかなか現実的な呼び掛けを受け入れられなかったし，気象情報が誤解された面もあった。その後，誤解されやすい「並みの」台風，「弱い」台風という表現が改められ，大型台風（風速15 m/s以上の半径が500 km以上），超大型台風（同800 km以上）となった。

　福岡では平成11（1999）年，平成15（2003）年の2度にわたって，地下水害が発生した。水害では下水道などの排水能力の不足が指摘されたほか，地下施設の防災対策が教訓となった。水害後，福岡市は下水道整備や貯留施設の建設による浸水対策事業「雨水整備レインボープラン博多」を打ち出した。

表4.1　特徴的な水害の概要と教訓[1][2][3]

発生年月日：水害名	水　害　の　概　要	教　　訓[*]
昭和57（1982）年7月23〜24日：長崎水害	集中豪雨（187 mm/h）により，土石流が多発するとともに，低地では地下水害が発生した。4回の大雨・洪水警報で被害が発生せず，5回目の発令に住民が対応しなかったときに災害が発生した	・警報への対応 ・複数種類の災害への対応 ・地下施設の防災対策 ⇒
平成10（1998）年8月28〜30日：狩野川支川の大場川(だいば)における河床低下	平成2（1990）年9月洪水後，洪水流下能力を増大させるため，1〜2 m程度の河道掘削を実施した。掘削に伴って，河床材料が礫から細砂に変わった区間で，洪水により河床高が一気に低下し，堤防・河岸侵食が発生した	・掘削前の河床材料調査 ・河道掘削での注意 ⇒

‖4‖ 特徴的な水害と教訓

発生年月：水害名	水 害 の 概 要	教　訓*
平成11(1999)年8月14日：酒匂川支川の玄倉川におけるキャンパー事故	河原でキャンプしていた人に，県や警察が再三避難を呼び掛けたが応じず，避難しなかった18人が濁流中に立ちつくし，その後流れにのみこまれて，13人が死亡した	・誤解されない気象情報 ・避難呼び掛けへの対応 ・レジャー時の行動心理
平成12(2000)年9月11～12日：東海豪雨災害（写真7.2）	名古屋で458 mm(12 h雨量)を記録し，庄内川支川新川の破堤により，広範囲が浸水した。多数の地下施設，ライフライン施設などが被災し，過去最高の一般資産等水害被害額(2.1節)となった	・都市水害への対応 ・地下施設の防災対策 ⇒ ・ライフライン対策 ・水害訴訟
平成15(2003)年7月19日：福岡地下水害（写真7.3）	御笠川などからの越水により，博多駅は1 m浸水し，駅周辺の691軒が床上浸水した。地下鉄構内には平成11(1999)年6月の10倍の1万m^3の水が流入し，331本が運休した	・下水道などの排水能力の強化 ・地下施設の防災対策 ⇒
平成16(2004)年10月20～21日：台風23号による円山川水害	平成16(2004)年は10個の台風が上陸したが，この台風が最も被災規模が大きかった（死者91人，被災家屋7.4万棟）。軟弱地盤で地盤沈下が進行していた円山川と支川出石川で破堤し，12 km^2が浸水した	・複雑な破堤原因 ・地盤沈下への対応 ・避難所の浸水
平成20(2008)年7月28日：神戸市都賀川における事故（写真4.1）	約2分間で1 m以上も水位上昇した段波により，河道内の遊歩道にいた児童や工事関係者16人が流され，5人が死亡した	・迅速な洪水情報の提供 ・河道・洪水特性に応じた対応策 ・洪水危険性の周知
平成20(2008)年8月28～29日：平成20年8月末豪雨（岡崎市伊賀川水害）	146.5 mm/hの豪雨に伴う洪水により，狭窄区間上流で水位が堰上がり，堤防が低い区間で越水した。丘陵地と堤防に囲まれた窪地で3 m浸水して1人が死亡するなど，2人が死亡した	・河道改修 ・浸水しやすい地形条件 ⇒ ・情報伝達の課題
平成21(2009)年8月9～10日：兵庫県佐用町における水害（図4.1，写真4.2）	避難途中の11人が，幕山川3か所からの氾濫が集中した流れにより道路沿いの農業用水路に流され，9人が死亡した	・中小河川の洪水情報提供 ・迅速な洪水情報の提供 ・地形と氾濫との関係 ⇒ ・避難の判断
平成27(2015)年9月9～10日：関東・東北豪雨による鬼怒川水害（付録1）	鬼怒川流域の豪雨に対して，大雨特別警報が出されたが，常総市から破堤箇所近くの住民に避難指示は出されず，緊急速報メールも活用されなかった	・情報伝達 ⇒ ・避難勧告・指示の発令基準

*　教訓欄の⇒印は，以下で，教訓に対して学ぶべきことを記載した項目を表している
*1：末次忠司『河川技術ハンドブック』鹿島出版会，pp.135-141, 2010年
*2：藤田光一『洪水による河川構造物の災害―最近の傾向と対策』北海道河川防災研究センター，1999年
*3：末次忠司・橋本雅和「2000年代に発生した水害から得られた教訓」水利科学，No.331, pp.36-48, 2013年

| コ・ラ・ム | 届かなかったメッセージ |　平成11（1999）年水害後に，筆者は博多駅地下街の被害調査を行った。その際，ヒアリングと称して地下街を管理する二つの会社の管理者と会い，都市部での地下水害の実態を説明し，対策の必要性を唱えたが，その後対策はあまり実施されず，残念ながら平成15（2003）年に再び災害が発生した。

　また，神戸の都賀川は急流河川（I =1/40）で，雨水幹線を通じた流出水により速い洪水流出があるにもかかわらず，河道内に遊歩道や渡り石が整備されるなど親水化され，住民が「安全な河川である」という誤ったイメージを持った

写真 4.1　都賀川の回転灯と看板（JR 東海道線の上流）
　　　　　左写真の回転灯は大雨・洪水注意報や警報の気象情報に基づき点灯する

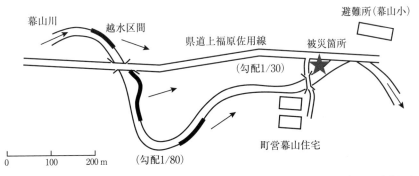

図 4.1　兵庫県佐用町における氾濫状況（出典：末次忠司・橋本雅和「2000 年代に発生した水害から得られた教訓」水利科学，No.331, p.47, 2013 年）

4 特徴的な水害と教訓

写真 4.2 避難途中で被災した農業用水路(兵庫県佐用町)
災害当時は水路周囲のフェンスはなかった

という点で,洪水危険性が十分周知されていなかった。水害後,洪水の危険を知らせる回転灯(**写真 4.1**),非常階段,その位置を知らせる看板などが設置された。また,兵庫県佐用町では佐用川支川の幕山川からの氾濫により避難途中の多数の住民が犠牲となった。これは3か所からの越流氾濫水が地形・建物特性により,道路・農業用水路の1か所に集中したことが直接的な原因である(**図 4.1**)が,主要河川である佐用川に対して出されていた「避難判断水位」超過情報が,幕山川では出されなかったという情報提供のあり方が課題となった。町が訴えられた訴訟では,原告9人が敗訴した(平成25年5月)。なお,**写真 4.2** の矢印が氾濫水の流向を示している。

> **|コ・ラ・ム|キャンパー事故|** 玄倉川のキャンパー事故の関係で,NHKからビデオ解析の依頼を受け,映像をみたところ,砂州上のキャンパーの水深は1.2 m,流速2 m/sという,とても水の中に立っていられないほどの流体力の水流であった。この水流でも当初流されなかったのはキャンパーたちが集まった平面形状が流線形であったためであると考えられる。

表に示した**教訓から学ぶべきこと**を示せば，以下のとおりである。起きることが予想される現象について，事前に注意深く調査・検討を行い，調査・検討の結果を住民らに周知する必要があることがわかる。

【教訓1】地下施設の防災対策 ⇒
【学ぶべきこと】地下施設は1か所でも水の流入箇所があれば，浸水が流入するので注意する。特に地下室や地下ビルなどの床面積が狭い空間では，浸水が急激に上昇するので，（浸水の水圧でドアが開けにくくなる）通常の階段だけでなく，非常用のはしごが有効となる。また，重量や騒音があるからといって，機械・設備を安易に地下に入れないようにする

【教訓2】河道掘削での注意 ⇒
【学ぶべきこと】河道掘削により，河床材料が礫から細砂に変化すると，洪水により急激な河床低下が生じることがあるので，ボーリング調査結果を見ながら，注意深く掘削する必要がある

【教訓3】浸水しやすい地形条件 ⇒
【学ぶべきこと】伊賀川は明治末期に東側の旧岡崎城外堀に付け替えられたため，伊賀川と窪地地形が隣接したことが被災の一因となった。したがって，河道の付替などにより，氾濫原特性がどのように変化したかについて，地域住民に知らせておく必要がある

【教訓4】地形と氾濫との関係 ⇒
【学ぶべきこと】幕山川では3方向からの氾濫流が地形と建物に遮られ，県道・農業用水路の狭い範囲に集中したことが被災の一因であった。したがって，地形に対して，氾濫水がどう流下するかについて，事前に知って（調べて）おくべきである

【教訓5】情報伝達 ⇒

【学ぶべきこと】鬼怒川水害のときのように，市役所から避難勧告・指示が出されない[1]ことがあるので，ほかの情報（大雨特別警報，水位情報など）を含めて，水害危険性について考え，避難するかどうかを判断すべきである．逆に「避難勧告・指示が出ていないから避難しなくてもよい」は場合によっては間違いであることを住民に周知する必要がある．

玄倉川や都賀川における事故が話題になると，川や海における**水難事故**が増えていると思われるが必ずしもそうではない．以下には昭和50（1975）年以降

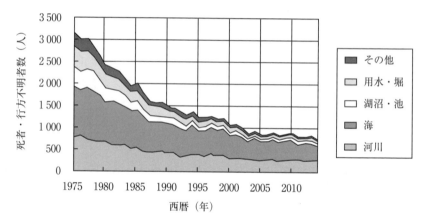

図4.2 水難事故による死者・行方不明者数の推移（場所別）

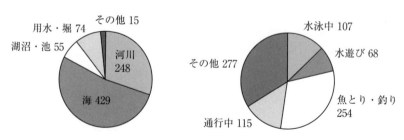

図4.3 最近10年間の場所別・行動別の死者・行方不明者数（人）

---

1) 土砂災害の事例であるが，伊豆大島の土石流災害（平成25年10月）でも避難勧告・指示が出されなかったし，広島の土砂災害（平成26年8月）では土石流災害後に避難勧告が発令された

の水難事故の分析結果を示す．**図4.2**のように水難事故による死者・行方不明者数（警察庁調べ）は着実に減少しており，現在は40年前の約1/4である．自然に親しむ行動や水遊びの機会が減少（遊びが多様化）したためと考えられる．最近10年間（平成17〜26年）でみると，被災場所では海（52％）と河川（30％）が多く，行動では魚とり・釣り（31％），通行中（14％），水泳中（13％）が多い（**図4.3**）．ただし，中学生以下にかぎってみると，海より川で亡くなっている事例が多い．

　特徴的な水害の最後として，「地下施設の防災対策」の教訓に関連する地下水害について考察する．さまざまな地下施設があるが，ここでは代表的な地下街，地下鉄を中心に解説などを行った．

　地下施設の浸水に対する弱点箇所としては，地下街は隣接ビルなどと地下でネットワーク的に接続しているので，浸水の流入が想定される箇所が多い．すなわち，大部分の箇所で浸水対策を行っていても，対策を行っていない1か所から浸水すると浸水被害が発生する．一方，地下鉄は線的に長いのが特徴で，換気口が多く[1]，駅や線路の標高も高低がある．換気口は歩道面の高さが多く，浸水が流入しやすい．換気口には浸水防止機，駅出入口には防水板（止水板ともいう）を設置することにしているが，閉鎖や設置が間に合わず，浸水が流入することがある．

　昭和40年代後半以降，全国各地で**地下水害**が発生し，特に東京，名古屋，福岡で被害が多く発生した（**表4.2**）．換気口や駅出入口から浸水が流入する地下鉄で水害が発生しやすく，ホームでの浸水深も高い．地下鉄・地下街で水害が発生する降雨量は70 mm/hが目安で，この値は全国的にみた記録的短時間大雨情報の下限値に相当する．

　例えば，八重洲地下街は1日に約15万人が利用するなど，地下鉄・地下街は多数の利用者があるため，地下水害が発生した場合の影響は大きい．しかし，延床面積が広いため，相当大量の浸水の流入がないかぎり，大きな被害となることは少ない．一方，地下室や地下ビルなどは床面積が狭いため，浸水が流入すると，水位上昇が速いため，迅速な対応を行わないと，生死に影響する場合

---

1) 東京メトロだけで900か所以上ある

表 4.2 地下鉄・地下街における主要な被災・応急対策

区分	年月	被災箇所	被災・応急対策の概要
地下鉄	昭和48(1973)年8月	名古屋市営名城線ほか	80 mm/hの豪雨により、名城線の平安通駅ではホーム面上40 cmまで浸水した。東山線の中村日赤駅でも70 cm浸水した
	昭和60(1985)年7月	都営浅草線西馬込駅	68 mm/hの豪雨による道路上湛水が引上線開口部より西馬込駅構内に流入し、内水被害が発生したが、防水ゲート・土のうにより浸水流入を軽減できた
	昭和62(1987)年7月 **(図4.4)**	京阪電鉄三条〜五条駅	70+78 mm/hの豪雨により、鴨川支川から越水した水がバイパス水路および幹線下水暗渠へ流入し、換気口・ダクトを通じて駅構内に流入した。同年には都内の都営浅草線や営団丸ノ内線でも被害が発生した
	平成11(1999)年6月 **(口絵,写真7.3)**	福岡市営博多駅	77 mm/hの豪雨による下水道・河道からの越水で博多駅が浸水し、約4時間(80本)不通となった。博多駅には防水板がなかった。同年には都内の営団東蔵門線・銀座線でも被害が発生した
	平成12(2000)年9月	名古屋市営名城線ほか	93 mm/hの東海豪雨により桜通線の野並駅などの4駅が浸水し、最大2日間不通となり、40万人に影響した。特に名城線の平安通駅ではホーム面上90 cmまで浸水した
	平成15(2003)年7月	福岡市営博多駅	25 mm/h(上流の太宰府は99 mm/h)の降雨により御笠川・綿打川から越水し、博多駅で最大約1 m浸水した。23時間にわたって、331本が運休し、10万人に影響した
	平成25(2013)年9月	京都市営東西線御陵駅	46.5 mm/hの豪雨により、山科川支川安祥寺川(淀川水系)の氾濫水が京阪電鉄の地下トンネルを経由して、市営地下鉄東西線の御陵駅に流入し、4日間運休した
地下街	昭和45(1970)年11月	東京駅八重洲地下街	河川の水圧で工事用防水壁が壊れ、水が流入した
	昭和56(1981)年7月	新宿歌舞伎町サブナード	内水(最高30 cm)で浸水した
	昭和57(1982)年8月	名古屋市セントラルパーク地下商店街	33 mm/hの降雨により、名鉄瀬戸線の栄橋より浸水が流入し、地下街で内水被害が発生した。名鉄には防水板があったが、短時間で浸水が始まったため、設置できなかった
	平成11(1999)年6月	博多駅地下街・天神地下街	77 mm/hの豪雨により、博多駅地下街のデイトスでは天井からの漏水などにより商品被害が発生したが、地上から流入した浸水は約1.3万 m^3 の地下貯水槽に排除されたため、浸水被害を軽減できた
	平成15(2003)年7月	博多駅地下街	25 mm/h(太宰府は99 mm/h)の降雨により、御笠川・綿打川から越水し、地下街が浸水した
	平成20(2008)年8月	名古屋駅前ユニモール	84 mm/hの豪雨により、86専門店の約1/3が浸水し、営業停止した。ユニモールは昭和46年、平成12年にも浸水した
	平成25(2013)年8月	京都駅前地下街ポルタ	約50 mm/hの豪雨により、階段を通じて浸水が流入し、20店舗が浸水被害を受けた

出典:末次忠司『河川技術ハンドブック』鹿島出版会, p.155, 2010年に追記

もある．平成 11（1999）年 6 月に福岡のビル地下 1 階で飲食店店員がランチの仕込み中に浸水により死亡したし，翌月には東京の新宿で地下室へ様子を見に行った男性が浸水により死亡した．

浸水の挙動としては，地下 1 階から 2 階，3 階へと浸水が移動し，最下層の階で貯留される（地下鉄では線路を通じてさらに拡散する）．浸水は通路などを通じて水平方向に拡散するが，途中に下層階への階段や出入口があると，そこを通じて流入するので，水平方向より鉛直方向の拡散が速い場合がある．京阪電鉄（昭和 62 年 7 月）では，河川からの越流水が機械室などのドアやマシーン・ハッチを破壊しながら，換気口→機械室→冷凍機室→ポンプ室→線路などの経路を通じて拡散していった（**図 4.4**）．

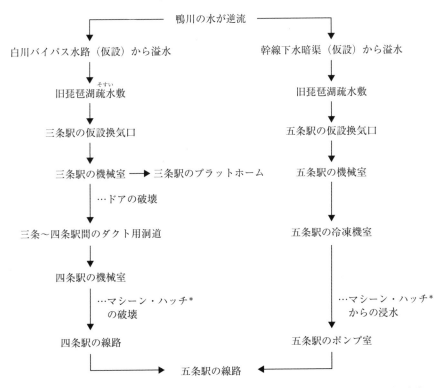

図 4.4　京阪電鉄・三条〜五条駅における浸水の流入経路（出典：建設省土木研究所総合治水研究室「都市ライフライン施設等の水防災レポート」pp.40-42, 1992 年）
* 機械を搬入するために，観音開きになる床の開口部

表 4.3 地下施設における氾濫水の流入箇所と浸水対策

施設名	氾濫水の流入箇所→主要な浸水対策
地下鉄	出入口→ステップ(段差), 防水板, 防水扉 換気口→浸水防止機 接続する施設→防水扉, 防水シャッター 隧道内(通路内, トンネル内)→防水扉
地下街	出入口→ステップ, 防水板 排気・吸気塔→通常高さが高いので問題ない 接続する施設→防水扉, 防水シャッター
地下ビル	出入口→ステップ, 防水板, 防水扉 フロア下→地下貯水槽
地下室	出入口→ステップ, 防水板, 防水扉
共通事項	標高の低い所に排水ポンプ 内部に非常階段(はしご)

出典:末次忠司『河川の減災マニュアル』技報堂出版, p.257, 2009 年

写真 4.3 防水扉(東京メトロ東西線東陽町駅)(出典:末次忠司『水害に役立つ減災術－行政ができること　住民にできること－』技報堂出版, p.92, 2011 年) 防水扉は通路内などに設置されているものが多いが, 出入口にもある

地下施設は水が流入する箇所により**浸水対策**が異なる（**表 4.3**）。出入口は歩道面より一段高くしたステップが有効であり，浸水に対応した高さの防水板を用意しておくと，浸水の流入を防ぐことができる。また，地下鉄や地下街では接続する施設が多数あるので，防水扉（**写真 4.3**）や防水シャッター（防水扉ほど水密性は高くない）などで対応するのがよい。

　個別の**浸水対策事例**としては，以下の対策が行われた。
- 福岡・博多駅の地下街デイトスでは平成 11（1999）年 6 月に浸水が 20 か所[1]から流入したが，地下に漏水対策用の地下貯水槽（約 1.3 万 m^3）があり，フロアの排水口（55 × 55 cm）13 か所を通じて排水したため，最大浸水深は 10 〜 20 cm 程度にとどまった
- 京都駅前地下街のポルタでは地下街浸水時避難計画書が作成されるとともに，地下街の施設マップに浸水時の避難に用いる安全な出入口が表示されている
- 東海豪雨を経験した名古屋市天白区の「天白川ハザードマップ」には地下鉄（名古屋市営鶴舞線，桜通線，名城線）における予測浸水状況が「①線路面まで浸水する，②ホームまで浸水する，③ホームの天井まで浸水する」のように記載されている

---

[1] 流入箇所は出入口が 10 か所，エレベータ・エスカレータが各々 4 か所などであった

5

水害被害に至るまでの現象分析

　水害被害への対応を考える前に，豪雨から水害が発生するまでのプロセスに対して，豪雨→流出→洪水→（越流→）破堤→氾濫の順に，事例を対象に水文・氾濫現象を分析する。

5.1 豪雨・流出特性

(1) 豪雨特性

　2章で考察したように，**豪雨**は近年増加傾向にある。アメダスデータでみた 70 mm/h 以上の豪雨は経年的に増加傾向にあり，発生地点数は平成 9（1997）年までがおよそ 20〜40 地点であったのに対して，平成 10（1998）年以降はかなり増加し，特に平成 15（2003）年以降は 50〜80 地点と約 2 倍に増加している（**図 5.1**）。観測地点数も増えているが，約 30 年間で 2 割程度の増加である。なお，発生回数が多い地点は尾鷲・宮川（三重県），佐喜浜（高知県）など近畿・

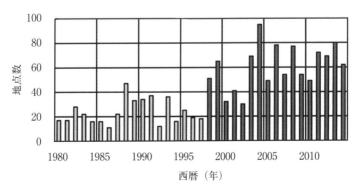

図 5.1 豪雨の発生地点数の推移
（出典：末次忠司『河川技術ハンドブック』鹿島出版会，p.87，2010 年）

四国地方が多い。このうち,短時間豪雨は台風性豪雨とは異なり,排水能力が低い都市部の浸水などを引き起こしている。混同しやすい「局地的大雨」と「集中豪雨」であるが,「局地的大雨」が一過性の豪雨であるのに対して,「集中豪雨」はそれを繰り返すのが特徴で,結果的に集中豪雨のほうが降雨継続時間が長く,総雨量が多い。また,豪雨範囲でみると集中豪雨のほうが狭い。集中豪雨では,雨域全体は広いが,豪雨域はその一部の場合があるので注意する。

　2.1節で記述したように,豪雨には上昇気流と水蒸気の流入が大きく関係している。上昇気流は風の収束,山・丘陵などの地形,ビルにより起きる。また,都市域は土地被覆や人工排熱(自動車,エアコン,工場)の影響により,地表温度が上昇し,上昇気流が起きやすい特性がある。この**ヒートアイランド現象対策**としては,河川以外も含めて

- 面的な水と緑のネットワークの形成により,気象を緩和する
- 舗装の表層または表・基層に雨水を貯める保水性舗装により,蒸発に伴う気化熱が舗装の蓄熱を減少させ,路面温度の上昇を抑制する(道路)
- 都市開発と一体的に環境負荷を削減するため,複数の熱供給プラントと連携する(都市)
- 建築群の配置,オープンスペースなどにより風通しをよくすることにより,ヒートアイランド現象を緩和する(建築,都市)

などの方策が考えられる[1]。

　次に,本項では浸水に影響する雨量,総雨量の特性,長時間雨量について考察する。時間雨量・総雨量と浸水棟数の関係をみると,**図5.2**のとおりである。5 000棟以上の大きな浸水は40 mm/h以上,総雨量200 mm以上で発生している。総雨量よりも時間雨量のほうが影響しているケースが多い。例えば,福井水害(平成16年7月)や福岡水害(平成11年6月)などの場合,総雨量はそれほど多くないのに都市水害が発生している。主要水害でみると,70 mm/hが一つの大水害発生の目安となっている。土砂災害についてみると,土砂生産は勾配・荒廃度・地質にもよるが,降雨量では400 mm/日以上[2]で大量の土砂生産が確実に起きることから,日雨量400 mmが土砂災害発生の目安となる。

---

1) 末次忠司『河川技術ハンドブック』鹿島出版会,p.129,2010年
2) 砂防学会監修『砂防学講座　第5巻1　土砂災害対策―水系砂防(1)―』山海堂,1993年

5.1 豪雨・流出特性

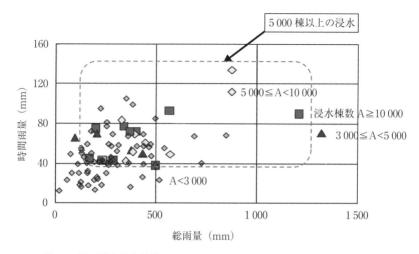

図 5.2 降雨量と浸水棟数
（出典：末次忠司『河川技術ハンドブック』鹿島出版会，pp.85-86，2010 年）

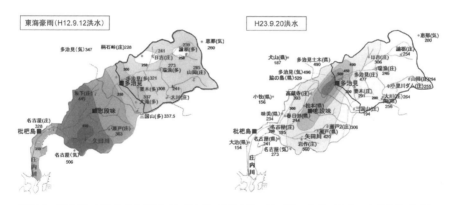

図 5.3 平成 12（2000）年と平成 23（2011）年洪水時の総雨量の比較（出典：高橋裕輔「平成 23 年台風 15 号による出水対応について　現場からの報告―庄内川を事例として―」2012 年）

　大量の総雨量が発生したにもかかわらず，**大きな被害とならなかったケース**[1]がある。この現象について述べてみたい。例えば，東海豪雨（平成 12 年 9 月）が発生した名古屋では，平成 23（2011）年 9 月にも豪雨となったが，平成 12（2000）年 9 月に比べるとそれほど大きな被害とはならなかった。これは東海

---

1) 末次忠司『実務に役立つ総合河川学入門』鹿島出版会，p.37，2015 年

豪雨が庄内川流域の中下流域で広域に発生したのに対して，平成 23 (2011) 年 9 月豪雨は中流域のそれほど広くない範囲で発生したからである（**図 5.3**）。同様な事例は新潟でも報告されており，平成 23 (2011) 年 7 月豪雨は平成 16 (2004) 年 7 月新潟・福島豪雨の 1.5 倍の豪雨であったが，平成 16 (2004) 年 7 月豪雨が中流域で発生したのに対して，平成 23 (2011) 年 7 月豪雨は上流域で発生したため，平成 16 (2004) 年 7 月に比べると，それほど大きな被害とはならなかった[1]。このように，雨量が多くても豪雨発生の空間的・時間的相違により被害の発生状況には大きな相違が生じる場合がある。

また，近年集中豪雨に注目しがちであるが，それだけではなく，**長時間豪雨**にも注意する必要がある。代表的な長時間豪雨の要因である台風について分析する。戦後の雨台風の総雨量に着目すると

昭和 22(1947)年 9 月	カスリーン台風	埼玉・秩父 611 mm, 神奈川・箱根 513 mm
昭和 33(1958)年 9 月	狩野川台風	静岡・湯ヶ島 739 mm, 東京 444 mm
昭和 51(1976)年 9 月	台風 17 号	高知 1303 mm, 岐阜 848 mm
平成 2(1990)年 9 月	台風 19 号	兵庫・豊岡 515 mm, 香川・多度津 425 mm

のように，戦争直後だけではなく，大量の降雨をもたらす台風が数多く上陸した。特に昭和 51 (1976) 年 9 月の台風 17 号，平成 2 (1990) 年 9 月の台風 19 号は全国に 834 億トン，740 億トンという歴代 1 位，2 位の大量の降雨をもたらした。台風 17 号は四国や中部地方に豪雨をもたらし，長良川では浸透破堤が発生した。参考までに，代表的な風台風は洞爺丸台風（昭和 29 年 9 月），台風 19 号（平成 3 年 9 月），台風 18 号（平成 11 年 9 月），台風 18 号（平成 16 年 9 月）などである。洞爺丸台風では青函連絡船が函館港を出港直後に波のうねりで転覆し，イギリス旅客船・タイタニック号のニューファンドランド島での沈没（約 1 500 人：1912 年）に次ぐ 1 175 人が犠牲となり，青函トンネル建設のきっかけとなった。

平成 16 (2004) 年以降でみても，以下のように各地で 1 000 mm 以上の長時間豪雨が発生している[2]。

---

1) 平成 16(2004)年豪雨は 30 mm/h 以上が 6 時間継続するなど，降雨が時間的に集中したのに対して，平成 23 (2011) 年豪雨は少雨が 2.5 日間継続する分散型であったことも影響している
2) 末次忠司『実務に役立つ総合河川学入門』鹿島出版会，p.36，2015 年

平成16(2004)年7月	台風10号	徳島県神山町	1 243 mm
平成17(2005)年9月	台風14号	九州南部	1 000 mm 以上
平成18(2006)年7月	梅雨前線	九州南部	1 200 mm 以上
平成19(2007)年7月	台風4号	九州南部	1 000 mm 以上
平成21(2009)年8月	台風 MORAKOT	台湾南部	3 000 mm 以上
平成22(2010)年7月	梅雨前線	九州南部	1 200 mm 以上
平成23(2011)年7月	前線	新潟	1 006 mm
平成23(2011)年9月	台風12号	紀伊半島南部	2 000 mm 以上

　このように，1 000 mm 以上の豪雨時代に突入したと言われたが，平成23(2011)年9月の紀伊半島水害では2 000 mm 以上の豪雨となった。また，台湾では3 000 mm 以上の豪雨も観測された。長時間豪雨は土壌を湿潤状態にすることにより，山腹崩壊や土石流などを発生させ，崩落した土砂に伴う河道閉塞により堰止め湖（天然ダム）が形成され，水害被害を助長する危険性が高い。

　なお，**降雨原因**ごとに減災上の留意点を述べれば，以下のようになる。
・梅雨前線：湿舌（南方からの水蒸気流入）を伴った梅雨末期の集中豪雨に注意する
・台風：台風に刺激された前線による豪雨（特に台風の進行方向の東側）と，台風本体による豪雨の両方に注意する。台風の中心が来る前に強雨となる場合がある。南・南東斜面で大量の降雨がある。秋の台風は勢力が強く，速度が速い。台風の東側は強風災害にも注意する
・低気圧：地上気温の高い時期に，上空に寒気が流入し，地上と上空の温度差が40 ℃以上になると，大気の状態が不安定となり，夕立のような豪雨となる
・雷雨：短時間の10分間雨量[1]に注意する。東京などの都市部では雷雨に伴う浸水が多い

(2) 流出特性

　戦前の昭和10年代は軍需物資として，大量の木材が必要となり，森林伐採

---

[1] 東京都下水道局の降雨情報システムである「東京アメッシュ」では，東西約190 km×南北約120 km の範囲の10分間雨量を250 m メッシュで表示している。情報はホームページだけでなく，NTT 回線などを通じてポンプ管理所などへ送信されている

が幅広く行われた。伐採のピークは昭和17（1942）年で，その10年前の約2倍の面積が伐採された。そのため，戦後の国土は荒廃して，雨水流出量の増大により浸水被害が発生したり，土石流などの土砂災害が多発した。戦後のカスリーン台風（昭和22年9月）では，群馬県の赤城山などで，山津波などにより592人が死亡した。

　現在年間の水循環でみれば，降水総量の約1/3は蒸発散している。河道への雨水流出は流域勾配や粗度係数などにより異なり，粗度係数は土地利用により決まっている。**流出率**（雨水流出量／総雨量）[1]でみると，

- ・緩勾配の山地域で0.2〜0.4
- ・急勾配の山地域で0.4〜0.6
- ・畑で0.6
- ・水田で0.7

などとなっている。地形では段丘や火山灰台地，地質では礫やロームの浸透性が高い（流出率が小さい）。都市域（市街地の合理式[2]で用いる流出係数）についてみると，

- ・屋根で0.85〜0.95
- ・道路で0.8〜0.9
- ・そのほかの不透水面で0.75〜0.85

などとなっている。流出係数は山地における荒廃の進行，水路・圃場（ほじょう）の整備により増大する傾向がある。

　経済成長期以降，**都市化**に伴って，地表面がコンクリートやアスファルトで覆われたため，雨水流出が速くなり，その結果洪水ピーク流量が増大した。例えば，横浜市の鶴見川では市街化の進展に伴って，同じ降雨ハイエトに対して，洪水ピーク流量（市街化率）が600 m^3/s（10 %）→ 1 000 m^3/s（60 %）→ 1 400 m^3/s（80 %）に増加した。また，降雨ピーク〜洪水ピークの時間も昭和30年代の10時間から昭和50年代後半以降は1〜2時間と短くなった。こうした都市河川における洪水ピーク時間は短いため，堤防を長い区間にわたっ

---

1) 末次忠司『河川技術ハンドブック』鹿島出版会，p.88，2010年
2) 流出計算では流域面積 A<50 km^2 で合理式，A>100 km^2 で貯留関数法が用いられることが多いが，洪水調節施設がある場合は合理式は使えない

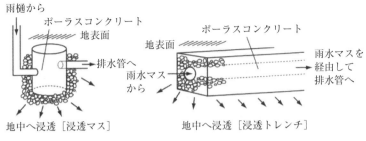

図 5.4 浸透マス・トレンチ
(出典：末次忠司『河川技術ハンドブック』鹿島出版会，p.214，2010 年)

表 5.1 都市別の下水道計画雨量・確率

都市名	計画雨量	計画確率
名古屋市	63 mm/h	1/10
大阪市	60 mm/h	1/10
福岡市	59 mm/h	1/10
仙台市	52 mm/h	1/10
札幌市	35 mm/h	1/10
静岡市	67 mm/h	1/7

て高くするより，河道への雨水流出を抑制する浸透・貯留施設[1]のほうが経済的に有効となる。なお，全国でみると，過去30年間で建物・道路面積はそれぞれ1.5倍（国土交通省調べ）となっており，雨水流出はもちろんであるが，前述したように豪雨発生にも影響を及ぼしている。

また，都市域では下水道網が発達しているため，**下水道**による面的な雨水排出の効果が大きいが，能力が不足している区間で浸水が生じる場合もある（河川から離れた地点で浸水）。下水道による浸水対策が対象としている降雨計画確率は1/10～1/5（50～70 mm/h 程度）が多い（**表5.1**）。合流式では合流管により，分流式では雨水管により雨水排水が行われる。都市浸水対策達成率（面積割合）でみると，昭和40年代までは20％前後であったが，近年は約57％（平成26年）と浸水対策が進んでいる（**図5.5**）（汚水対策は約77％（平成26年）と，

---

[1] 浸透施設には浸透マス，浸透トレンチ（図5.4），透水性舗装などがある。貯留施設には公園貯留，校庭貯留，駐車場貯留，棟間貯留などがある。浸透施設には地下水涵養の効果もある。浸透能力は施設面積・地質・地下水位により異なるが，浸透マスが100～1 000L/h で，浸透トレンチが100～1 000L/h/m である

‖5‖ 水害被害に至るまでの現象分析

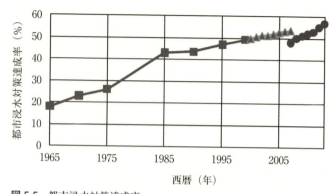

図 5.5 都市浸水対策達成率
(出典：末次忠司『河川技術ハンドブック』鹿島出版会，p.147，2010 年)

さらに整備率が高い)[1]。この達成率は 1/5 確率降雨に対して下水道整備が完了した安全な区域の面積割合を表している。県別でみれば大分や東京は対策が進んでいるが，長野や鳥取は対策が遅れている。都市浸水対策達成率の算定方法は平成 12（2000）年，19（2007）年ごろに変更されたため，折れ線が重複している期間がある。なお，都市域では地下水を除く平常時地表流の約 7 割が下水道であるという地域もあり，下水道の整備により，平常時の水量が減少している河川もある。千葉県船橋市の海老川では平常時の河川水量を回復させるために，下水処理水を下水管（φ 2 m）内を通した送水管（φ 70 cm）により，上流の河川へ送水している。

5.2 洪水・流砂特性

　洪水の発生状況を**洪水流量**で経年的にみると，以下のとおりである。上位に 2 回ランクインしている和歌山などを流下する熊野川は以前新宮川と呼ばれていたが，変更希望のため，平成 10（1998）年より熊野川と名称変更された。同様の理由で，渡川も平成 6（1994）年に四万十川に名称変更された。利根川（平成 22 年 9 月）などでも大きな洪水流量が発生しているが，氾濫したので対象外

---

1)　末次忠司『河川技術ハンドブック』鹿島出版会，p.147，2010 年

としている．すなわち，下記の最大流量とは大きな氾濫がなかったときの洪水流量を意味している．

- 昭和10（1935）年8月　四万十川（具同）　16 000 m^3/s
  　　　　　　　　　　（比流量 8.9 m^3/s/km^2）　当時最大流量
- 昭和34（1959）年9月　熊野川（相賀）　19 025 m^3/s（8.5）　当時最大流量
- 昭和49（1974）年9月　吉野川（岩津）　14 470 m^3/s（5.1）
- 昭和58（1983）年9月　木曽川（犬山）　14 099 m^3/s（3.0）
- 平成23（2011）年9月　熊野川（相賀）　24 000 m^3/s（10.7）
  　　　　　　　　　　　52年ぶりの記録更新

熊野川は上流に多雨地域を控え，大きな洪水流量を発生させている．平成23（2011）年9月の洪水では豪雨に加えて，河口砂州の流失などにより大きな水面勾配となり，大きな洪水流量（データ欠測のため，推定 24 000 m^3/s）が発生したと考えられている．洪水継続時間でみても熊野川（昭和34年9月），吉野川，木曽川とも約1日であったが，熊野川（昭和23年9月）は長く，2.5日[1]であった．上記した4河川のうち木曽川を除く3河川が中央構造線より南の外帯河川で，大きな比流量を発生させているのが特徴である．なお，全国の1級水系本川で大きな（実績洪水流量に対する）比流量は本明川（20.2 m^3/s/km^2），狩野川（12.6），櫛田川（12.3）などで発生している．

日本の河道は
1) 河床が急勾配である
2) 流路延長が短い
3) 土砂生産が多い

ことが主要な特徴である．1)と2)は日本列島を縦断するように標高の高い脊梁山脈が走っているために，短い河川流路が形成されていることが原因である．短い洪水継続時間も1)と2)が影響したものである．また，流域も含めて急勾配のため，豪雨に伴う雨水流や洪水流の勢いが強く，斜面や河道が侵食され，3)土砂生産量が多くなっている．

---

[1] 長良川（墨俣）の昭和51（1976）年9月洪水の洪水継続時間は3～5日（2日間の洪水後，やや水位が下がって，その後再度3日間の洪水となった）であった

河道の特徴を上中下流に分けてみると，上流ほど急勾配で川幅が狭く，下流へ行くほど緩勾配で川幅が広くなっている。そのため，洪水ハイドログラフは上流で先鋭であるのに対して，下流で扁平となっている。この変形の理由はもう一つあり，河道は湾曲したり，河道のところどころに狭窄部（きょうさく）がみられる。洪水を貯めながら流す「河道貯留効果」により，下流の洪水が緩和されている。したがって，近年行われている狭窄部の開削により，下流の洪水ハイドログラフが今後やや先鋭になる可能性がある。一般的に，河道の特徴は河床材料の粒径と河床勾配により指標化されており，その区分をセグメントという[1]。セグメントは急勾配から緩勾配になるに従って，セグメントM，1，2，3となる。

特性＼セグメント	セグメントM	セグメント1	セグメント2 2-1	セグメント2 2-2	セグメント3
河床材料の代表粒径	さまざま	2 cm 以上	1〜3 cm	0.3 mm〜1 cm	0.3 mm 以下
河床勾配の目安	さまざま	1/400〜1/60	1/5 000〜1/400		水平〜1/5 000

　ここで，現地での川の見方について書いておきたい。河川は急勾配の上流と，緩勾配の下流では洪水・土砂の挙動が大きく異なるので，流程を以下の4つに区分した。河川は洪水と洪水により流送される土砂により，河川地形や河道内地形が形成される。流砂量により，三角州や自然堤防の形成が変わってくるし，砂州はその大きさにより挙動が変わる。また，洪水流は河道内植生と関係しており，樹林化した植生は洪水流に大きな影響を及ぼしている。現地では，こうした洪水時に起きるであろう現象を推測しながら，地形や植生をみていく必要がある。

河道区間	地形・洪水ほか	土砂動態
山地河川	・ステップ（落差地形）やプール（平坦地形）が形成されている区間の河床勾配は大きい	・山地河川では細粒土砂が堆積していても，掘れば礫が出てくる ・砂防堰堤（えんてい）や床固め工がある区間は土砂移動が活発な区間である ・土砂流動が掃流の場合は層状に，土石流の場合はランダムに土砂堆積する

---

1) 山本晃一『沖積河川』技報堂出版，2010年

5.2 洪水・流砂特性

河道区間	地形・洪水ほか	土砂動態
上流急流域	・規模が大きな扇状地は，規模の小さい扇状地を押しやる傾向がある（常願寺川と神通川） ・急流河川の橋脚などによる水位上昇量は大きいが，影響区間は短い	・扇状地河川の河床材料は細かい材料と粗い材料からなる ・盆地は洪水が土砂を落とした区間で，河床材料は細かい
中流〜上流域	・洪水の流向は草の倒れた方向，巨礫の下流の土砂の堆積形状から推定できる ・最近の洪水位は草，枝，砂が河岸に直線的に並んでいる高さでわかる ・樹林内の洪水流速は遅いが流れはある。樹林帯周囲に流木・枝が閉塞すると流れは少なくなる（千曲川，余笹川） ・橋脚周りの最大洗掘深は橋脚幅の 1.5 倍をみておけばよい ・直線河道が湾曲するところでは，内岸側の法線を延長して，湾曲部にぶつかるところから川幅程度下流で最も深掘れする ・堤防法線と低水路法線の位相が異なる場合，洪水が低水路から高水敷に乗り上がる場所や落ち込む場所で掘れる ・砂州上に斜め方向の筋がある場合，偏流が発生した名残である ・急流河川では洪水中に深掘れしても，洪水後に埋め戻される場合が多い（安倍川） ・土砂生産の少ない河川は平坦な河床となる ・流砂量の少ない穿入蛇行河川は平野，三角州の発達が悪い ・砂の流砂量が多い河川は自然堤防が発達しやすい（木曽川） ・河床勾配の変化区間は土砂堆積しやすいし，水位上昇で越水しやすい ・樹林化する条件は比高，中砂（に含有された水分），栄養塩である（多摩川，千曲川）	・土砂生産が多い支川からの土砂流入で，本川の土砂動態が決まる場合がある（富士川支川早川） ・粒径が 3cm 以上の場合，土砂の移動限界水深は $h > 0.1 \cdot d/I$ である ・混合砂では砂や小礫は大礫に遮蔽されて，一様粒径よりも流砂量は少なくなる ・堰下流は平常時の水の流れがないところに大きな砂州が形成され，樹林化する（多摩川） ・小規模洪水に対して川幅が広いと，土砂が堆積して中洲や島が形成される ・砂州は砂州高が低い，また砂州長が短いほど速く移動する ・砂州長が短すぎると統合し，長すぎると分裂する
下流域	・支川からのSS，下水処理場からの処理水の水温は横断方向に分布を持つ（石狩川，多摩川） ・ケイ素と鉄の多くは河道の感潮域で沈降して，海へ供給されない（豊川） ・河口砂州は洪水によりフラッシュされても，洪水後の波の作用により再び形成される	・河川水中の粘土は河口付近で電気化学的にフロック化し，10 倍程度の粒径となって沈降する（白川） ・細粒シルトや粘土が多い河川は河床に三角形状で堆積する（六角川）

出典：末次忠司『河川技術ハンドブック』鹿島出版会，2010 年に修正・加筆した

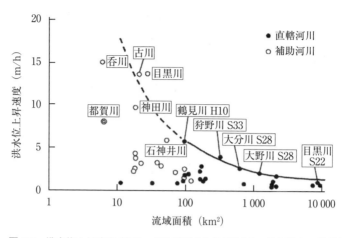

図 5.6　洪水位上昇速度（出典：末次忠司「水文現象として見た洪水の挙動」第 4 回水文・水資源セミナー，2002 年）

次に**洪水**についてみると，洪水は流路延長が短い小河川ほど速く発生する。中小河川の洪水の合流を受ける大河川で発生する洪水は遅い。特に下流は川幅が広く，河床勾配が緩いので，なだらかな洪水形状となる。注意しなければならないのは，洪水位上昇速度 v[1] は大河川では速くて 3 〜 4 m/h であるのに対して，小河川では 2 m/10 分以上，換算すると 1 時間で 10 m 以上も上昇する都市河川もある（**図 5.6**）。したがって，かなり水位が低い状態での早めの避難勧告・指示の発令が必要となる。

急流河川の洪水特性としては，洪水流速が非常に速く，中部山岳地帯から流下する富士川・安倍川・黒部川のような臨海性扇状地では下流でも 6 〜 7 m/s の流速となることがある。そのため，表のり全面を護岸で覆ったり，ピストル水制のような大型施設で堤防を防護している場合がある。また，河床材料や砂州が大きい河川では，流速が場所で大きく変動する場合がある。神戸の都賀川のように，河床が整正され，幹線水路から一気に雨水が流入すると，段波状の洪水を発生する場合もある。急流区間に橋梁などがあると水位は大きく上昇するが，射流区間が長いため水位上昇区間は常流区間ほど長くならない。こうした区間で不等流計算（常射流計算）を安定的に行うには [2]

1) この洪水位上昇速度は避難判断水位等（6.1(4)項）を定める際に用いられている
2) 末次忠司『河川の減災マニュアル』技報堂出版，p.50，2009 年

- 計算断面の面積が大きく変化する場合は内挿断面を作成する
- 射流区間で限界水深を与える

が，それでも適切な水位が得られない場合は，不等流式の移流項（流速の空間的変化項）にフルード数 Fr による $(1-Fr^2)$ を乗じて，その影響を緩和して計算する方法がある。

河道特性からみて，**洪水位が上昇しやすい場所**は以下のとおりであるが，長い区間でみると粗度や砂州による水位上昇が大きい。

- 河道断面が狭い（洪水流下能力が低い）
- 狭窄部の上流
- 河床勾配変化点
- 本支川の合流点
- 湾曲部の外岸側
- 橋梁の上流側

また，豪雨により斜面崩壊が発生すると，崩壊土砂の流入により河床上昇して高い洪水位となったり，土砂とともに河道へ流入した流木が橋梁で閉塞して洪水位が上昇して越水することがある。カスリーン台風（昭和22年9月）では利根川と渡良瀬川の合流点において，両河川の洪水ピークが同時に発生し，か

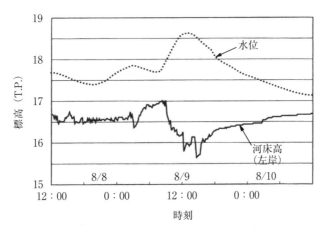

図 5.7 砂面計で調べた洪水中の河床変動（安倍川 4k）
（出典：国土交通省河川局治水課ほか「河床変動の特性把握と予測に関する研究」国土交通省国土技術研究会，2003年）

つ東北本線と東武日光線の橋脚に流木が閉塞して水位が上昇したために洪水が越水し，340 m にわたって破堤した。

洪水に伴う**河床変動特性**として，掃流力 τ の増大や砂州の移動により河床高が低下する。河床は洪水時に最大で 1.5 ～ 2 m 程度低下することを考えて，根固め工や基礎工を配置する。複列河川では洪水ピーク時に河床高が大きく低下するので，施設設計時にこの最深河床高について考慮する必要がある。安倍川における砂面計の計測によると，図 5.7 のように，洪水ピーク付近で約 1 m の河床低下が生じた。しかし，セグメント 1，2 の河道では洪水ピークから数時間～ 1 日後には元の河床高に戻る（洪水前後の河床高は変化していない）ことが多い[1]。砂面計には代表的な光電式と超音波式がある。また，センサーを内蔵した樹脂ブロックからなる洗掘センサーもある。砂面計は取り付けた H 鋼周りの洗掘が大きくなるが，河床高の戻りも計測できる。これに対して，洗掘センサーは洗掘を過大にすることは少ないが，最大洗掘までしか計測することができない。土砂動態に関しては，急流河川では大量の流砂により，洪水後大幅に河床上昇することがある。例えば，姫川では平成 7（1995）年 7 月洪水により，大所川合流点付近で河床が 13.7 m 上昇した。天明 3（1783）年の浅間山噴火に伴う泥流や火山灰により，利根川河床が上昇し，水害を激化させたという史実もある。

| コ・ラ・ム | 道路管理と河川管理の板挟み | 橋梁架設計画をたてる際，道路管理者と河川管理者が協議する必要があり，その間に立つ学識経験者は板挟みとなることがある。道路管理者が提示した橋梁案により，橋梁付近の河床低下などが生じるため，河川管理者はその影響が小さくなる根固め工などの対策を要求するが，1 cm の河床変動にも対応すべきであると主張されると，両者の調整は大変である

洪水時は側方侵食も発生し，セグメント 1 では 40 m，セグメント 2 では 20 ～ 30 m 程度の高水敷が侵食される。橋脚周辺の洗掘は最大で橋脚幅（流下方

---

1) 末次忠司『河川の減災マニュアル』技報堂出版，pp.178-179, 2009 年

向に垂直の幅）の1.5倍の洗掘が起きると考えておけばよい。長期的にみると，河積増大のための河道掘削や砂防施設の整備により，流砂量が減少し，河床低下している河川が多い[1]。過去30年間の平均河床高の変化をみると，全国109水系のうち，長い区間にわたる河床変動傾向が伺えるのは

- 2m以上の河床低下が発生→3水系（富士川，木曽川，筑後川）
- 1〜2mの河床低下が発生→56水系

など，河床低下が問題となっている河川が多く，1m以上の河床低下は特に東日本の河川に多い[2]。河床低下すると断面積が増え，洪水流下能力は増大するが，護岸や橋脚の基礎が露出したり，取水が困難となる場合がある。長期的な河床変動予測を行う場合，30年程度の期間（過去の流量データを与える。データが30年未満しかない場合は繰り返し与える）を対象に流量[3]を与えて，流砂量公式を用いて予測を行うが，計算を行うにあたっては以下の点に留意する。

- 一様砂を対象に解析を行うと，例えば交互砂州の波高・波長が大きく計算され，砂州の伝播速度が小さく計算されるので，そうした点を考慮して計算結果を評価する必要がある
- 混合砂では，大礫により細粒土砂が動きにくくなる遮蔽効果が起きるので，その影響を計算に反映する必要がある。計算上，礫河川では増水期は細粒土砂の動きが活発で，減水期に遮蔽効果が顕著になり，その結果土砂堆積が生じる場合がある[4]
- 交換層厚は通常礫河川では最大粒径程度，砂河川では砂堆の波高程度で設定されるが，河床が低下すると交換層から細粒の土砂が抜け出すので，粗粒化する
- 空隙率は河床材料の粒径に対して礫で30％，砂で40％程度を与えるが，ウォッシュロードでは大きな値となり，例えば粒径0.01mmでは50〜80％にもなる

---

1) 昭和50年代前半までは河川からの砂利採取は3 000万m³以上あり，影響も大きかったが，それ以降の採取量は少なく，河床低下への影響は小さい
2) 末次忠司『河川の減災マニュアル』技報堂出版，pp.174-175，2009年
3) 洪水時は時間流量，平水時は限界掃流力（d>3cmで$hI/(sd)$>0.06：付録3）以上の日流量を与える
4) 福岡捷二・長田健吾・安部友則「石礫河川の河床安定に果たす石の役割」水工学論文集，第52巻，2008年

5.3 越流・破堤特性

前述した洪水位上昇速度vと（堤防高−洪水位）より，堤防を越水するまでの時間を予測できる．この時間内に初動活動としての水防・避難活動を実施することになる．堤防からの越流量が多くなると，越水深が高くなる（高くて50〜60 cm）以上に，越流区間長が長くなる．万一洪水が堤防を越水したとしても，通常越流時間は長くない（**表5.2**）ので，破堤しなければ，それほど大きな被害とはならない（被害額でみれば，越水災害は破堤災害の数十分の1程度である）．

次に洪水が堤防を越流するときの**越流水の挙動**について述べる．越流水はのり面を流下するに従って，流速が速くなり，水深は段々減少する．流速は水深方向にも分布を持つ[1]．最大流速でみると，のり尻付近はのり肩付近の約2倍となるが，平均流速でみると最大流速よりも増加率は小さい．**図5.8**は遊水地の越流堤における越流状況である．遊水地と同様に，川裏が湛水すると，越流水が突入した直後に最大流速となり，その後減速していく．越流範囲が限定された越流堤では，越流区間上流で洪水が回り込むように越流するが，区間中央から下流ではやや斜め方向に直進的に越流する．これらの特性は遊水地の越流堤を設計するときに，越流幅を決める際の条件ともなる．

破堤原因で多いのは越水で，中小河川データを含めると，破堤の7〜8割は越水によるものである．越水しやすい区間は前節で示した洪水位が上昇しやすい区間，または堤防高が低い区間である．歴史的には城下町や主要都市を防御するため，それらに面した側の堤防高を高くし，越水を防止していた（木曽川など）．左右岸で高さに差をつけるのは目立つので，高さは同じにして堤体幅

表5.2 越水深と越流時間

発生年月	河川名・距離標	越水深	越流時間	備考
平成12(2000)年9月	新川16 k左岸		1時間20分	高水護岸が残る
平成16(2004)年7月	刈谷田川9.3 k左岸	約40 cm	30〜40分	裏のり1.3割
平成16(2004)年7月	五十嵐川3.4 k左岸	約50 cm	30分	裏のり植生なし
平成16(2004)年7月	足羽川4.6 k左岸	32 cm	1時間20〜30分	高水護岸が残る

---

1) 流速の鉛直分布はのり面中央までは底面付近の速度勾配が大きく，流下するに従って速度勾配は小さくなる

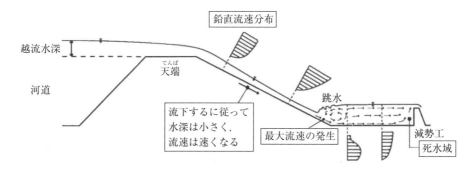

図 5.8 越流水の越流特性（水平方向に 1/2 歪ませている）（出典：末次忠司・人見 寿「分散型保水・遊水機能の活用による治水方式―遊水地の計画・設計・管理のための技術的・社会的視点―」河川研究室資料，pp.19-20，2005 年）

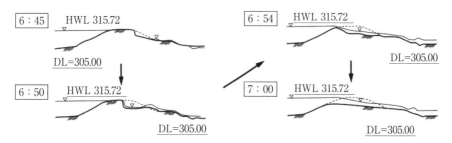

図 5.9 千曲川における破堤プロセス（出典：建設省千曲川工事事務所資料）

を変えたり，堤体内に浸透しにくい粘土コア層が入れられている例（庄内川）もある。

　越流に伴う堤防侵食は大きなせん断力が作用するのり尻（小段があれば小段）から始まることが多い[1]。千曲川（昭和 58 年 9 月）（**図 5.9**）ではそのプロセスが記録されていたし，土木研究所の実験でも同様のことが確認されている。越流侵食に伴う堤防の断面欠損により，堤体が不安定となり，越流水のせん断力により，堤防に亀裂が発生して土塊状に崩落していく（堤体土がさらさらと侵食されるのではない）。この現象が進行して，最終的に破堤となる。越流開始から破堤までの時間は 40 分以内が約 4 割あるため，かなり短時間で現象が進行

---

1) 砂堤防の河川ではのり肩から侵食が始まる場合もある

することになる。大河川のように堤防断面が大きかったり，高水護岸がある（前表）と，破堤するのに要する時間が長くなる。

> |コ・ラ・ム| **破堤までの時間** | 平成16（2004）年の新潟豪雨災害の調査委員会（新潟県主催）で，刈谷田川の中之島地区の破堤は越水してから30～40分であったと報告された。これに対して，委員の先生からこの時間は短いかどうかという質問が出された。私が回答したが回答は難しい。なぜなら，越流開始から破堤までの時間は40分以内が約4割，40分～2時間が約4割，2時間以上が約2割の割合だからである。知っているがゆえに回答が難しい場合もある

破堤形状は平面形では堤外側からみて，"八の字"形となり，（堤防法線方向からの）側面形は"中華鍋"に近い形状となることが多い。平面形が"八の字"形となるのは，洪水流が縮流するために，堤外地側の河岸や堤防が侵食される

表5.3　破堤幅の推移

年月	河川名	破堤地点	破堤幅	破堤原因
昭和22（1947）年9月	利根川	134.4k付近右岸（埼玉県東村）	340 m	越水
昭和27（1952）年7月	黒部川	8.7～9.2k左岸（富山県荻生村）	580 m	?
昭和44（1969）年8月	常願寺川	17.8k付近右岸（富山県立山町岩峅寺）	280 m	侵食
昭和51（1976）年9月	長良川	34k右岸（岐阜県安八町）	90 m	浸透
昭和61（1986）年8月	小貝川	35.6k右岸（茨城県石下町）	60 m	浸透
平成10（1998）年9月	福島荒川	約8k右岸（福島市上名倉）	100 m	侵食
平成16（2004）年10月	円山川	13.2k右岸（兵庫県豊岡市立野）	150 m	越水＋浸透
平成27（2015）年9月	鬼怒川	21k左岸（茨城県常総市三坂町）	140 m	越水

5.3 越流・破堤特性

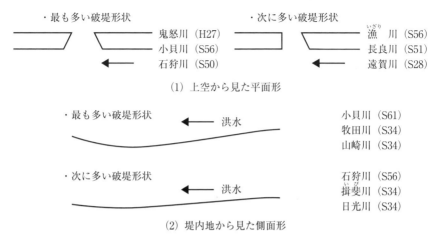

図 5.10 代表的な破堤形状（平面形，側面形）
牧田川は揖斐川支川，漁川は石狩川支川である

からである．なお，側面形で洗掘の最深部は堤防中心部に形成されるとはかぎらない．破堤幅をみていくと，戦後は破堤幅の大きな災害が発生していたが，近年は大河川の破堤災害は少なくなってきたし，たとえ破堤してもそれほど大きな破堤幅の水害は少なくなってきている（**表 5.3**）．破堤口の最深部は周辺地盤高かそれよりやや深くなることが多い[1]．氾濫解析のマニュアルでは，破堤敷高は高水敷か堤内地盤高のうち，高いほうを採用することとなっているが，扇状地河川のように天井川区間や高水敷の規模が小さい区間は，高水敷と堤内地盤高の平均高さを採用したほうがよい場合がある．

　破堤プロセスは最初狭い範囲の縦侵食が起こった後，縦と横の両方向に拡大し，その後ある程度時間（数十分～数時間）をかけて，横方向に拡がっていく．**図 5.10** のように，破堤側面形では圧倒的に扁平な形状になることがわかる（あえて縦横を歪ませずに描いた）．このように，破堤幅は時間とともに拡大するが，長良川（昭和 51 年 9 月）のように，洪水が長時間（3 ～ 5 日：前述）継続すると，堤体が湿潤していたために破堤幅が破堤直後一気に広がることもある．破堤し

---

1) 藤本豊明「木曽三川における治水経済調査についての一考察」建設省直轄工事第 17 回技術研究報告，1963 年

てから最終破堤幅に至るまでの時間は

・0〜20分が約4割

・20分〜1時間が約3割

・1時間以上が約3割

であり，短時間で進行する場合と，時間を要する場合がある．破堤実績の傾向をみると，最終破堤幅は川幅の関数となり，川幅100mで破堤幅84m程度，川幅300mで破堤幅112m程度と予測される[1]．合流点の場合は流れが乱れるし，(川幅変化により) 水位上昇しやすいので，合流点以外の場所より2割程度大きな破堤幅となる．また，急流河川の場合は，洪水流による侵食営力が大きいため，川幅が100mを超える河川では，破堤幅は川幅と同程度となる傾向がある[2]．黒部川や富士川支川の釜無川などがその例である．

これまでの破堤実績では堤防が1か所でも破堤すると，洪水位が下がって，他区間の越水・破堤危険度が低下することが多い．しかし，平成16 (2004) 年7月の新潟・福島豪雨災害では既往最大の豪雨 (栃尾：日雨量421mm) により，信濃川支川の刈谷田川の本川・支川が6か所で破堤したが，破堤時刻が不明の1か所を除いた5か所の破堤が1時間20分以内 (うち3か所は同時刻) に発生した珍しい同時多発型破堤であった[3]．この原因については未だによくわかっていない．

以上では，主として越水破堤について記述したが，破堤には侵食破堤や浸透破堤もある．越水・侵食・浸透災害はさまざまな要因により発生するが，各々の**危険性を示す要因**を列挙すれば，次ページのとおりである[4]．ここで構造的要因とは，例えば道路と堤防が交差する道路取付部は，堤防の嵩上げに対して，橋梁の付替が行われないと，構造的に周囲の堤防より高さが低くなり，越水しやすくなることを表している．

また，次ページに記した要因のうち，水害に関係する治水地形である落堀，旧河道 (跡)，旧川締切箇所にも十分注意する必要がある．

---

1) 栗城　稔・末次忠司・海野　仁ほか「氾濫シミュレーション・マニュアル (案)」土木研究所資料，第3400号，pp.20-22，1996年
2) 国土交通省北陸地方整備局「急流河川における浸水想定区域検討の手引き」p.11，2003年
3) 末次忠司・菊森佳幹・福留康智「実効的な減災対策に関する研究報告書」河川研究室資料，pp.24-25，2006年
4) 末次忠司・菊森佳幹・福留康智「実効的な減災対策に関する研究報告書」河川研究室資料，p.56，2006年

- 越水危険性 ─┬─ 構造的要因：改修途上・地盤沈下で低い堤防，道路取付部
　　　　　　 └─ 水理的要因：狭窄部・橋梁上流，本支川合流点，河床勾配
　　　　　　　　　　　　　　変化点，湾曲部の外岸側

- 侵食危険性 ─┬─ 直接侵食：洪水流の掃流力，転石・流木
　　　　　　 └─ 側方侵食：深掘れ箇所，（砂州・樹木・構造物に伴う）洪水の偏流

- 浸透危険性 ─┬─ 堤体漏水：砂質堤防，旧河道，樋門などの工作物付近
　　　　　　 └─ 基盤漏水：扇状地，落堀，旧河道，旧川締切箇所

- 落堀（おちぼり）：越流水によって形成された侵食地形で，浸透に影響する（基盤漏水が多い）＜パイピングの発生＞
- 旧河道（跡）：以前の河道跡で，周囲より標高が低いので湛水し（氾濫水の通り道となり）やすい。堤体漏水が多く，旧河道の旧川微高地（砂州）では砂礫が多いため，基盤漏水が起きやすい＜パイピングの発生＞
- 旧川締切箇所：ショートカットにより，新河道が旧河道と交差する箇所で，堤防内に旧河道の砂礫が残っているなど，基盤漏水が起きやすい

破堤原因は単独とはかぎらず，複合した原因もある（**表5.4**）。東海豪雨（平成12年9月）では庄内川支川の新川で，浸透に伴うのり崩れが発生し，堤防が下がったために，越水して破堤した。円山川（平成16年10月）はコラムや**図5.11**に示したように，さらに原因は複雑で，越水により川裏半分が崩壊した後に，浸透破堤した。こうした破堤原因の見極め方は，まず洪水位の痕跡を調査して，

表5.4 破堤原因の組合せ

	越　水	浸　透	侵　食
越　水	千曲川(昭和58年9月) 刈谷田川(平成16年7月) 五十嵐川(平成16年7月)	新川(平成12年9月) 円山川(平成16年10月)	―
浸　透	―	宇治川(昭和28年9月) 長良川(昭和51年9月) 矢部川(平成24年7月)	―
侵　食	―	―	常願寺川(昭和44年8月) 姫川(平成7年7月) 福島荒川(平成10年9月)

‖5‖ 水害被害に至るまでの現象分析

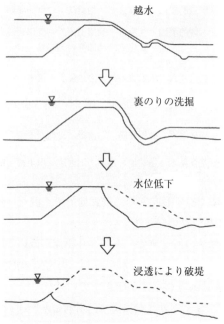

図 5.11 円山川の破堤プロセス
(出典：国土交通省豊岡河川国道事務所「第 3 回円山川堤防調査委員会資料」2004 年を修正・加筆した)

| コ・ラ・ム | 複合した破堤原因 |　平成 16（2004）年 10 月に円山川 13.2 k 右岸で破堤災害が発生した。円山川が流下する豊岡盆地は軟弱地盤のため，堤防が沈下していた。そのため，「堤防高が低い区間から越水→越流水が小段・のり尻を洗掘→川裏半分が崩壊→浸透により破堤」という複雑なプロセスを経て破堤に至った（**図 5.11**）*

* 末次忠司『実務に役立つ総合河川学入門』鹿島出版会，pp.56-57，2015 年

越水位から越水の可能性を調べる。それから破堤箇所付近の堤防高を調べて，上下流に比べて低くなっていないかどうかを確認する。この関係より，かなりの確度で越水の有無を推測できる。これ以外では，川裏のり面が洗掘されていたり，植生が倒伏していると，越水した可能性がある。ほかに **7.1 節**で記載した落堀も重要な証拠となる。落堀は越流水による洗掘なので，落堀深が大きい

写真 5.1 福島荒川の侵食破堤（福島市上名倉）（出典：建設省福島工事事務所資料）
　　　　　帯工と砂州の影響により，洪水流が堤防に向かって侵食破堤を起こした（口絵参照）

と越水可能性があるし，落堀深が小さいと浸透の影響について検討する必要がある（新川や円山川などのように，越水と浸透両方が影響している場合もある）。

　侵食災害は急流河川で多く発生している。代表的な侵食破堤災害に福島荒川の災害がある。平成10（1998）年9月洪水により阿武隈川支川の福島荒川で，堤防が侵食され，侵食開始してから約30分後に破堤した（**写真5.1**）。荒川は河床勾配が1/70の急流河川で河床安定のために両岸に一定間隔で帯工が設置されていた。しかし，まだ十分密な間隔で設置されておらず，帯工により流心に向けられた洪水流が下流で再び広がり，河道内にあった砂州の影響もあって主流が堤防のり面に衝突する形で侵食破堤を生じた[1]。幸い，破堤氾濫流は拡散せず堤防沿いを流下したため，大きな氾濫被害とはならなかった。ほかには常願寺川（昭和44年8月），姫川（平成7年7月），矢作川支川篭川（平成12年9月）などにおける侵食破堤事例がある。

> **|コ・ラ・ム| 堤防は城の石垣？|**　福島荒川の破堤氾濫流は堤防沿いを流れ，下流域へ流下した。氾濫流速の速い区間では堤防川裏の土砂が流され，堤体内の石積みがよくみられる状態となった。石積みはまるで城の石垣のように，下に大きな石が積まれ，上にいくほど小さな石が順序よく積まれていた。急流河川で浸透危険度の評価が行われるが，こうした石積みをみると，それより侵食や洪水流に対する対策が古来より重んじられてきたことがわかる

---

1) 末次忠司『河川の減災マニュアル』技報堂出版，p.158，2009年

破堤までには至らなかったが，甚大な侵食被害の事例としては，
- 昭和44（1969）年8月　常願寺川（富山市）：幅70 m，長さ700 mにわたって侵食
　　　　　　　　　　　　常願寺川（富山市）：幅110 mにわたって侵食
- 平成7（1995）年7月　関川（新潟県上越市）：S字に湾曲した洪水流により侵食（**写真5.2**）
- 平成15（2003）年8月　釜無川（山梨県南アルプス市）：砂州の影響を受けた湾曲流に伴う偏流により高水敷が幅40 m侵食。平成23（2011）年9月にも当該区間の下流で侵食被害が発生
- 平成23（2011）年7月　筑後川支川花月川(かげつ)（大分県日田市）：高流速の洪水流により，長さ200 mにわたって侵食
- 平成23（2011）年9月　十勝川支川音更川(おとふけ)（北海道音更町）：湾曲流による発達した蛇行により侵食

などがある。ここで，侵食長は河道の縦断方向にみた長さで，侵食幅は河道の横断方向にみた幅である。黒部川のデータによると，侵食長＝（5〜10）×侵

写真5.2　関川の侵食状況（新潟県新井市）（出典：建設省北陸地方建設局資料）
　　　直線化された河道が側岸侵食により，S字の河道法線となり，中央左の美守団地の3棟が流失した

食幅の関係がある[1]。

　また，**浸透災害**は下流域の河川で，洪水が長く継続したときに多く発生している。代表的な浸透災害に長良川水害がある。大量の降雨をもたらした台風17号および前線に伴う昭和51（1976）年9月洪水は大きなピークが3回発生した長時間洪水であった。9月9日より2日間洪水となり，一旦水位が下がった後に，再度3日間の洪水となった。特に最初の洪水波形は昭和34（1959）年9月，昭和35（1960）年8月，昭和36（1961）年6月の洪水と類似したものであった。水害訴訟では堤内地の丸池（落堀）によるパイピング（浸透水が集中して水みちができる）が争点となったが，破堤原因はパイピングではなく，長時間洪水の浸潤による漏水破堤であった[2]。ほかには宇治川，利根川支川の小貝川，矢部川などにおける浸透破堤事例がある。宇治川は昭和28（1953）年9月に，京都府久御山町（くみやまちょう）の左岸・向島堤防が約450mにわたって浸透破堤し，巨椋池（おぐらいけ）干拓池が浸水した。小貝川は昭和56（1981）年8月には利根川本川からの逆流水により浸透破堤（破堤幅が川表110m，川裏60m）し，昭和61（1986）年8月には排水樋門脇からの漏水により破堤した。樋門付近からの漏水災害は多く，特に昭和48（1973）～59（1984）年に建設された樋門は基礎に長尺支持杭が用いられていて，周囲の堤防に追随して下がらないため，床版下などに空洞が発生したり，クラックが発生しやすい[3]。小貝川のほかに，鳴瀬川支川鶴田川（なるせ）（平成11年7月），石狩川支川千歳川（昭和50年8月，昭和56年8月）などの災害事例がある。したがって，軟弱地盤では柔構造樋門や摩擦杭などの採用を考慮する必要がある。

　一方，矢部川では平成24（2012）年7月の九州北部豪雨により，長い洪水継続時間となり，福岡県柳川市大和町で堤防を横断していた透水性の高い砂層（旧河道の堆積物）を通じて漏水・噴砂し，砂の流出により生じた空洞で堤体が沈下・陥没し，最終的に破堤した（破堤幅50m）。これは基礎地盤のパイピングによる破堤であった。

　破堤までには至らなかったが，甚大な浸透被害の事例としては，以下の事例がある。

---

1) 山本晃一『沖積河川』技報堂出版，2010年
2) 末次忠司『河川の減災マニュアル』技報堂出版，pp.24・25およびp.156，2009年
3) 末次忠司『河川の減災マニュアル』技報堂出版，pp.156-157，2009年

- 平成 5（1993）年 8 月　川内川（鹿児島県川内市）：裏のりすべり破壊
- 平成 13（2001）年 9 月　利根川（埼玉県加須市）：基盤漏水と小段漏水
- 平成 23（2011）年 9 月　宮川（三重県伊勢市）：基盤漏水と堤体漏水
- 平成 24（2012）年 7 月　矢部川（福岡県みやま市）：基盤漏水（ガマ）

5.4　氾濫特性 [1]

　破堤が始まると，洪水流が河岸や堤防を侵食し，破堤口に集中・縮流しながら，堤内地へ流下していくため，前節で書いたような"八の字"の平面破堤形状となる。河床勾配が緩い河川では，正面越流のように流下していくが，勾配が大きな河川では斜め方向に流下する。**氾濫流量**の計算式は水理公式集に書かれているが，河床勾配が緩い（$I \leq 1/33\,600$）場合に対して，河床勾配 $1/1\,000$ で 3 割，$1/100$ で 5 割程度氾濫流量が減少する。これは斜め流下するために実質的な流下幅が減少すること（この影響が大きい）と，破堤口上流側に氾濫流の死水域が生じることが影響している。破堤せずに越水する場合は死水域の影響はないが，斜め流下の影響により，河床勾配 $1/1,000$ で 2 割，$1/100$ で 8 割

> **｜コ・ラ・ム｜手戻りを減らす越流流量の式｜**　遊水地の研究をしている人は少なく，筆者のところへ遊水地計画の相談に来る自治体の人がいる。計画で問題となるのが越流堤幅の設定で，模型実験を本間の越流公式から求めた越流幅で行うと幅が足りなくなるため，幅を広げて実験するのであるが，この方法だと手戻りが出てしまう。そこで，あらかじめさまざまな河床勾配で越流流量を調べる実験を行い，斜め流下の影響を表した式をつくって，水理公式集[*1]に掲載したのである。同様に破堤に伴う氾濫流量についても定式化[*2]を行った
>
> [*1] 土木学会編『水理公式集（平成 11 年版）』丸善，1999 年
> [*2] 栗城 稔・末次忠司・小林裕明ほか「横越流特性を考慮した破堤氾濫流量公式の検討」土木技術資料，Vol.38，No.11，1996 年

---

[1]　末次忠司『河川の減災マニュアル』技報堂出版，pp.223-224，2009 年

程度越流流量が減少する。この計算方法は遊水地における越流堤の設計にも適用することができる。なお，越流堤の（流下方向の）天端幅が狭く，越流水に大きな遠心力が作用する場合は，これより大きな越流流量となる[1]。

戦後は規模の大きな氾濫被害が発生し，カスリーン台風（昭和22年9月）の利根川破堤では埼玉・東京の440 km^{2}が浸水した[2]。10か所で破堤災害が発生したが，埼玉・東村での破堤が最も大きかった。昭和34（1959）年9月の伊勢湾台風では木曽川流域で310 km^2，昭和50（1975）年8月の石狩川水害では38 km^{2}が浸水した。近年では1か所の破堤に対して，平成16（2004）年7月の信濃川支川五十嵐川の破堤で13 km^2，平成16（2004）年10月の円山川水害で12 km^2，平成24（2012）年7月の矢部川（支川沖端川の破堤を含む）で25 km^2，平成27（2015）年9月の鬼怒川水害では40 km^{2}というスケールの氾濫が多い。

避難活動などを考える場合，**氾濫水**が流下するときの**挙動**を知っておく必要がある。一般には氾濫水の伝播速度は1 km/h前後であると考えておけばよい。カスリーン台風（昭和22年9月）時の利根川破堤に伴う氾濫流の挙動をみると，**図5.12**のとおりである。埼玉県内を流下するときは時速820 mで，勾配が緩い東京都内では時速230 mであった。ただし，例えば黒部川流域（氾濫原勾配1/100）のような急流河川流域では，3〜5 km/hとなる場合があることに注意する（**図5.13**）。流下方向は扇状地では地盤勾配に従って一定幅で流下するが，三角州では扇状に広く拡散する（p.63参照）。小河川や水路があると氾濫水が流入して，その下流で先行的に氾濫する場合がある。流下方向に堤防や道路などの盛土があると，氾濫水は一旦滞留して堤防・道路高を超えると再度伝播を始める。また，堤防などで囲まれた閉鎖性流域や標高の低い水田では浸水が長期間にわたって湛水する危険性がある。昭和61（1986）年8月には鳴瀬川支川吉田川の破堤（4か所）により，宮城県中部（松島町など）の旧品井沼で11日間にわたって浸水したし，平成27（2015）年9月の鬼怒川水害でも，常総市南部で浸水が9日間に及んだ。一方，下記のような氾濫実績より，浸水の上昇速度は10〜20 cm/10分程度である[3]が，福岡水害における上昇速度から明ら

---

1) 山本晃一・桐生祝男「新河岸川朝霞遊水池調査中間報告書」土木研究所資料，第1917号，1982年
2) 山本晃一・末次忠司・桐生祝男「氾濫シミュレーション(2)」土木研究所資料，第2175号, p.22, 1985
3) 末次忠司「地下水害の実態から見た実践的対応策」土木学会　地下空間研究委員会，2000年

5 水害被害に至るまでの現象分析

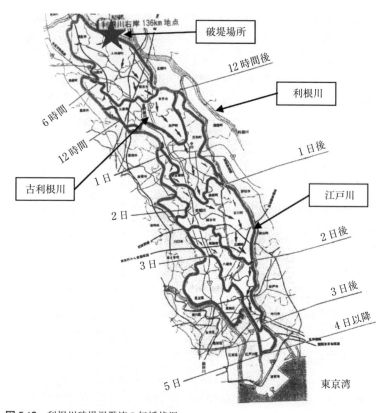

図 5.12 利根川破堤氾濫流の伝播状況
(出典:佐々淳行編著『自然災害の危機管理』ぎょうせい,2001年に加筆)

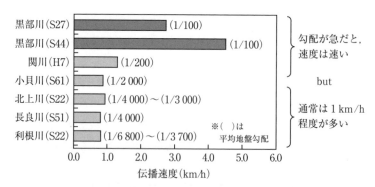

図 5.13 氾濫流の伝播速度と地盤勾配(出典:国土交通省北陸地方整備局「急流河川における浸水想定区域検討の手引き」2003年)

5.4 氾濫特性

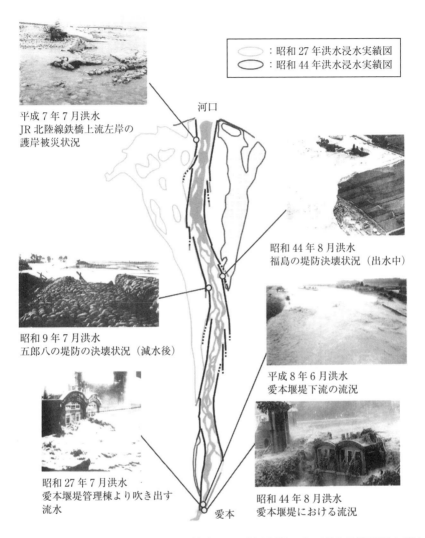

図 5.14 黒部川における被災・氾濫状況（出典：国土交通省黒部川河川事務所「黒部川水系河川整備計画」p.14，2009 年に加筆）

かなように，下水道からの内水氾濫であっても，外水と同じくらい速い上昇速度となる場合がある．

・平成11（1999）年6月　福岡水害：下水道氾濫により博多駅前で
　　　　　　　　　　　　　20 cm/10分．御笠川氾濫により9〜25 cm/10分
・昭和61（1986）年8月　小貝川水害：外水氾濫により下妻（茨城）で
　　　　　　　　　　　　　1 m/h＝17 cm/10分
・昭和28（1953）年6月　西日本水害：筑後川氾濫で
　　　　　　　　　　　　　1.4〜2 m/h＝23〜33 cm/10分

　急流河川の**黒部川**では，これまでたびたび破堤災害を受けてきた．このときの洪水・氾濫状況はいろいろな形で記録されており，とても貴重な資料である．**図5.14**のように，速い洪水流に伴う侵食などにより破堤災害が発生した．昭和9（1934）年には減水期に堤防護岸が決壊したし，昭和44（1969）年には洪水流により大きく侵食された．扇状地のため，昭和27（1952）年7月，昭和44（1969）年8月に発生した氾濫流はある一定幅の氾濫となり，地表面勾配に従って下流へ直進的に約3〜5 km/hの速度で伝播した．一方，黒部川治水の特徴に霞堤がある．昭和40年代以降，他河川の霞堤同様に開口部が締め切られたが，現在でも8か所が現存している．昭和44年洪水氾濫の際，氾濫流を河道へ還元させる役割を果たした．

　以上はマクロにみた氾濫水の挙動である．破堤箇所近くでは現象はさらに早く，鬼怒川の破堤（平成27年9月）では破堤箇所近くで約4 m/s（約14 km/h）の氾濫流速であった（付録1）．また，信濃川支川の刈谷田川破堤氾濫（平成16年7月）（**写真5.3**）では洪水流と氾濫流を一体的に解析できるFDS法（流束差分離法）を用いた解析による氾濫水伝播速度は4.5〜6 km/hであった．したがって，総合的に勘案すると破堤箇所からの**破堤氾濫流の伝播速度**は

・破堤箇所近くでは約14 km/h
・破堤箇所から数百m離れると5〜6 km/h
・破堤箇所から数km離れると1 km/h

というように，流下しながら減速していくことがわかった．一般に地点ごとの氾濫流速をみると，地形や建物の影響により，場所的に変化している．道路のような建物間の空間では，氾濫流速が速くなる．すなわち，道路が川のようになるのである．特に道路幅が建物幅に近いほど，速い氾濫流速となる．

写真 5.3 刈谷田川からの氾濫状況（新潟県中之島町中之島）
（出典：国土交通省）（口絵参照）

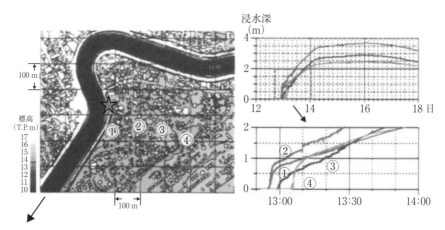

図 5.15 刈谷田川破堤に伴う氾濫水の挙動（出典：川口広司・末次忠司・福留康智「2004 年 7 月新潟県刈谷田川洪水・破堤氾濫流に関する研究」水工学論文集，第 49 巻，2005 年）
（口絵参照）

次に，**浸水の上昇速度**についてみてみる。**図 5.15** のように，刈谷田川破堤に伴う氾濫解析結果によると，浸水は氾濫水の到達直後一気に 50 〜 70 cm 上昇し，その後 20 〜 40cm/10 分の速度で上昇した。これは前述したマクロ現象（10 〜 20cm/10 分）の 2 倍の速さである。平面図中の番号が浸水位上昇の番号と対応している。

> **|コ・ラ・ム| 安全にできる避難活動*¹ |** 避難するにあたっては，氾濫水の伝播速度・流向とあわせて水中歩行速度を知っておく必要がある。成人男性のケースで浸水深が 50cm 未満の場合は 1.6km/h，50cm〜1m の場合は 1.1km/h の速度で避難できるので，タイミングを逸しなければ，安全な避難が可能である。なお，避難するのに決断や準備を要するため，避難勧告・指示を受けてから避難所に到達するまでの時間は 2〜3 時間を要する*²
>
> *¹ 栗城 稔・末次忠司「自然災害における情報伝達 関川豪雨災害（1995 年）」土木学会誌，1996 年
> *² 関川水害（平成 7 年 7 月）では，床下浸水が始まってから家を出発するまでの時間の約 4 割は家財の移動に使われた

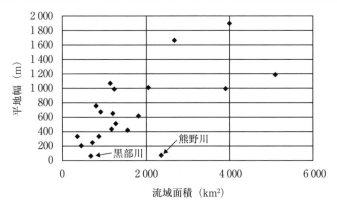

図 5.16 流域面積と平地幅（出典：末次忠司「河道・流域特性から見た水害被害ポテンシャルの予測と事前対応」河川，No.788，pp.71-72，2012 年）

氾濫しても大氾濫でなければ，下流域では水深・流速は小さい場合が多いが，山間地の谷底平野では水深・流速が大きくなり，大きな**流体力** v^2h で家屋を流失・損壊させる危険性がある。島根県の三隅川（昭和 58 年 7 月）では 5〜30 m³/s² の流体力[1] となったし，那珂川支川の余笹川（平成 10 年 8 月）では 3.4〜31.4 m³/s² の大きな流体力[2] により，流域全体で 30 棟が全壊・流失，48 棟

1) 河田恵昭・中川 一「三隅川の洪水災害」京大防災研究所年報，27B-2，pp.193-195，1984 年
2) 末次忠司『実務に役立つ総合河川学入門』鹿島出版会，p.21，2015 年

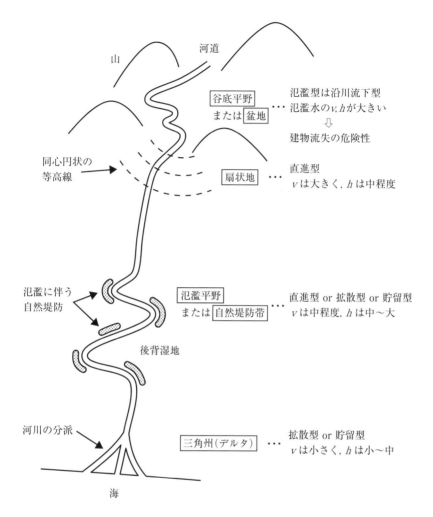

図 5.17 河川地形と氾濫形態

が半壊した。目安としては，v^2h が $(10 \sim 20)$ m^3/s^2 以上で建物が全壊または流失する危険性が高くなると考えておけばよい。直轄河川でみると，黒部川や熊野川のような谷底河川では，平地幅[1])が平均して 65 m, 74 m と狭く(**図 5.16**)，一旦氾濫が生じると，大きな v^2h となって，建物が流失する危険性が高い。

---

1) 平地幅＝直轄区間の平地面積／流路延長

こうした洪水・土砂氾濫に伴い，**河川地形**が形成される（**図5.17**）。河川地形は上流より，谷底平野または盆地，扇状地，氾濫平野（自然堤防帯），三角州（デルタ）で構成される。それぞれの地形で氾濫が起きると，地形特性に対応した氾濫形態となる。例えば，谷底平野で氾濫すると，川沿いを流下する沿川流下型となり，氾濫流速が速く，水深が大きいため，建物を流失させる危険性が高い。

　台風に伴う**高潮**も海岸から流入したり，河川堤防を越えて氾濫被害を発生させる。高潮は台風の接近・通過に伴って，気圧低下による吸い上げと風による吹き寄せにより，海水位が上昇して発生する。

- 気圧低下による吸い上げ→気圧が1hPa低下すると，海水位が約1cm上昇する
- 風による吹き寄せ→風速の2乗に比例して海水位が上昇する

　海水位の上昇量は干満の影響を除いた最大偏差（気象潮）でみることができる。台風18号（平成11年9月）のときの3.9m（八代海），伊勢湾台風（昭和34年9月）のときの3.4m（伊勢湾）が大きく，室戸台風（昭和9年9月）（2.9m）や第2室戸台風（昭和36年9月）（2m）のときにも大きな最大偏差を記録した。大きな高潮災害を引き起こした台風は以下のとおりである。なお，被害には高潮災害以外の被害も含んでいる。特に西から東へ流下する河川は，高潮に注意する必要がある。高潮と洪水が同時に発生すると，伊勢湾台風のような大きな被害となる。

発生年月	台風名	被災地域	最大偏差	死者・行方不明者数	全壊家屋数
昭和9(1934)年9月	室戸台風	大阪湾	2.9 m	3 036人	38 771戸
昭和20(1945)年9月	枕崎台風	九州南部	1.6 m	3 122人	58 432戸
昭和34(1959)年9月	伊勢湾台風	伊勢湾	3.4 m	5 098人	38 921戸

　氾濫は**複合原因**により発生することもある（**図5.18**）。特に注意しなければならないのは，地震に伴って山腹崩壊が起こり，崩落した土砂が河道を堰止めて，堰止め湖（天然ダム）を形成し，これが決壊して，下流に大きな浸水被害を引き起こすことである。例えば，江戸時代の弘化4（1847）年にマグニチュード7.4の善光寺地震が発生し，長野県の松代領内で4万か所を超える山崩れが発生した。特に虚空蔵山の崩壊は千曲川支川の犀川を閉塞し，約30 kmの湖が形成された。そして，地震の20日後にこの湖が決壊したため，善光寺平は

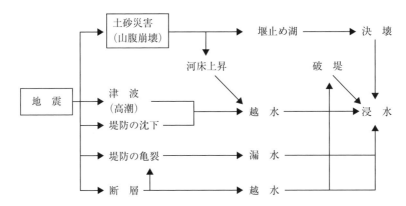

図 5.18 複合した原因により発生する浸水被害(出典:末次忠司『河川技術ハンドブック』鹿島出版会, p.162, 2010 年に加筆・修正)

大洪水となり,100 人以上が亡くなった[1]。複合原因の災害には,ほかに飛越地震(安政 5(1858)年),濃尾地震(明治 24(1891)年),福井地震(昭和 23 年)などがあり,地震が主因となっている。ほかに多い事例は地震により堤防が沈下したところに津波が襲来して,越水して浸水被害を起こすもので,南海地震(昭和 21 年 12 月),北海道南西沖地震(平成 5 年 7 月),東日本大震災(平成 23 年 3 月)などでみられた。

5.5 被害を助長する要因[2]

水害被害を助長する要因として,土砂・流木については前述したが,もう一度詳しく考察してみる。**土砂・流木**は豪雨に伴って発生した山崩れにより発生する。土砂による河道閉塞(7.1 節)は前述した複合原因の災害と同様に,大きな水害を発生させる危険性がある。また,河道に流入した土砂は河床を上昇させて洪水の越水を引き起こすし,流木は橋脚で閉塞して,洪水の越水を発生させる。流木発生数 W(本)は山腹崩壊量 C(m^3)と関係があり,平均的に

---

1) 田畑茂清・水山高久・井上公夫『天然ダムと災害』古今書院, 2002 年
2) 末次忠司『河川の減災マニュアル』技報堂出版, 2009 年

‖5‖ 水害被害に至るまでの現象分析

写真 5.4　流木による橋梁部の河道閉塞（奥山川：兵庫県豊岡市出石町）
　　　　（出典：国土交通省ホームページ）奥山川は武庫川の 2 次支川である

みて $W = C \times 1/8$ である。また，土石流や山腹崩壊に伴って発生する流木の諸元は

- 発生域 → 大部分が渓流勾配 8 度（1/7）以上
- 樹　種 → 針葉樹（特に杉）が 6 〜 7 割
- 形　態 → 約 7 割が幹のみ
- 流木長 → 最大で 16 〜 19 m，平均で 7 〜 9 m
- 幹　径 → 最大で 25 〜 40 cm，平均で 15 〜 20 cm

となっている。流木は通常橋脚や橋桁などの部分に引っかかることが多いが，**写真 5.4** の奥山川のように，河道全体を閉塞することもあり，これは非常に危険な状態である。

　また，次ページの表で示したように，**河川内施設や砂州**などが影響する場合もある。河積増大のための河道掘削に伴い顕著になる砂州上の樹林も被害を助長させる要因となる。樹林化は数十年前より礫床河川で顕著になり，洪水流下能力を低下させるだけでなく，流失しなくなった砂州と樹林は洪水流向を変え，偏流に伴う侵食被害を引き起こす場合がある[1]。ほかに中小河川で床止め建設

---

[1] 樹林自体でも洪水流下能力や流向に影響を及ぼすが，洪水とともに流下してきた草や枝などが樹林群周囲の樹木にからまると，一体となった樹林群として大きな阻害物となるので，洪水に与える影響が大きくなる

に伴い，河床の床掘りを行い，埋め戻しを行う際に十分な水締めや締固めを行わないと，洪水時の河床洗掘を助長する場合がある．したがって，床掘りの範囲をなるべく広くしないほうがよい．

カスリーン台風 昭和 22(1947)年 9月	利根川破堤	利根川・渡良瀬川洪水の同時ピーク，東北本線・東武日光線の**橋梁での水位の堰上げ**により，利根川の堤防高の低い 1.3 km 区間で越水し，埼玉県東村で 340 m にわたって破堤した．氾濫水は古利根川を流下し，4.5 日かけて東京湾まで到達した
台風 16 号 昭和 49(1974)年 9月	多摩川水害 $I=1/500$	多摩川では二ヶ領**宿河原堰**により，洪水流が阻害され，左岸側への迂回流が堤防を侵食し，19 軒の家屋を流失させた．自衛隊が堰爆破を試みたが失敗した後，建設省がダイナマイトで堰中央を爆破し，迂回流の勢いを減らした
台風 5 号 平成 10(1998)年 9月	阿武隈川支川 福島荒川の 侵食破堤 $I=1/70$	福島荒川では**帯工***により流心に向かった流れが下流側で再び拡がり，**砂州**の影響もあって，堤防方向に向かった主流がのり面に衝突して侵食破壊(破堤幅 100 m)を引き起こした．侵食開始から破堤まで約 30 分であった

* 河床勾配を安定させ，局所的な侵食を防止する帯工は適切な間隔で配置されると，流れが堤防に寄らなくなるが，設置間隔が長いと，上記のようなことが起こる場合がある

　低平地に都市が展開され，水害被害を受けやすい地域に，人口・産業・資産が集積している**脆弱な都市構造**も水害被害を助長しやすい要因である．海外の都市が古い開析地形(侵食地形)上に開かれているのに対して，日本では新しい沖積平野(堆積地形)上で，計画高水位より低い標高に位置する洪水想定氾濫区域(略して想氾区域)は全国の面積の 10 % にすぎないが，該当区域に人口の 50 %，資産の 75 % が集積している現状がある．面積でみると，大阪市では 95 %，新潟市では 76 %，名古屋市では 54 % がこの想氾区域が占めている[1]．このように，浸水被害を受けやすい土地の上で生活せざるをえないのが，水害被害を助長している原因の一つであり，土地利用規制である災害危険区域(建築基準法第 39 条)に指定されても，建物を建てることを規制することはできず，建築構造を規制している．

　水害は人命・建物・資産などに対する直接被害だけでなく，**ライフライン施設**などの間接被害も引き起こす．治水経済調査でも，営業停止損失や応急対策費用の間接被害が計上されている．ライフライン施設に関係する公益事業(電

力,電気通信,ガス,水道)の被害額は,総水害被害額の1～2％とそれほど大きくはないが,波及していく影響が大きい。例えば,停電すると,電気製品が使えなくなり,食事が作れないので,外食費が増大するなど,連鎖的に2次,3次,‥‥の被害に波及していく（**図5.19**）。なお,公益事業の被害額の割合は経済成長期(昭和40～55年)に高かったが,その後低減し,近年の平成14(2002)年以降,再び増大している。

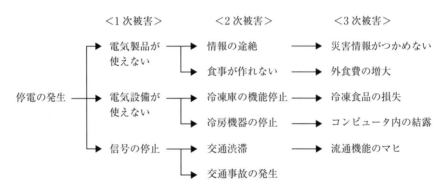

図5.19 停電に伴う被害の波及状況（出典：栗城　稔・末次忠司・小林裕明「都市ライフライン施設等の水防災レポート」部内資料,1992年）

表5.5 ライフライン施設の被災しやすい設備と浸水対策

施　設	被災しやすい設備	浸水流入箇所→主要な浸水対策
電力	(地下)変電設備,配電塔,分岐箱	・変電設備→設備の嵩上げ ・地下変電設備の出入口→ステップ,防水板,防水扉,設備の嵩上げ ・地下変電設備と洞道 ・管路との接続箇所→樹脂による間仕切
電気通信	交換局,電話交換機,電柱,回線	・交換局全体→敷地・建物周囲の防水壁 ・交換局出入口→防水板,防水扉
水道	取水場,浄水場,電気設備(ポンプ,電動機),送・排水管	・開放系の施設のため,浸水流入箇所の特定が難しい
ガス	地下整圧器,需要家のガスメータ	・地下整圧器(ガバナー)→完全防水または移転

1) 末次忠司『実務に役立つ総合河川学入門』鹿島出版会,p.33,2015年
2) 道上正規・國歳眞臣・檜谷　治「ライフラインの被災機構とその影響調査」文部省科学研究費,1984年ほか

表 5.6　災害心理学からみた減災に関連する阻害要因

阻害要因	要因の概要	備　考
エキスパート・エラー	① エキスパート・エラー：本来五感で行うべき状況の認知を行わずに、係員・専門家の言うことを疑わずに信じる心理をいう	山村武彦『人は皆「自分だけは死なない」と思っている』[*1]より ①の例：米国・同時多発テロ（平成13年9月）
空気で決められる対応	② 空気で決められる：第二次世界大戦末期の不利な状況（米国が制空権を握る）下で戦艦大和の出撃は、当時の根拠やデータではなく、専らその場の空気で決められた	
防災行動を起こしにくい要因	③ 危機意識が低い：新たな不安、恐怖、危機意識を呼び起こす仕組みが必要で、それらがないと、防災行動に対する意識が低く、行動を開始しない	広瀬弘忠『人はなぜ逃げおくれるのか』[*2]より
	④ 誤った災害経験：軽微な災害を経験すると、次の災害に遭遇したとき、避難行動を遅らせたり、阻害する要因となる	
	⑤ 隣人や知り合いなどが避難すると、つられて避難する「模倣性」「感染性」がみられるが、そうした周囲の人の行動がないと、避難すべきか否か迷ってしまう	
	⑥ 多数派同調バイアス：どうしてよいか迷ったときは、周囲の人の動きを探りながら、同じ行動をとる。集団同調性バイアスともいう	例：韓国・大邱地下鉄火災（平成15年2月）
	⑦ 正常化の偏見：目の前で起きていることが起こるはずのない出来事で、何かの間違いであると正常化の方向に心理が働き、緊急時の対応行動をとらない。正常性バイアスともいう	例：川治プリンスホテル火災（昭和55年11月） 例：韓国・大邱地下鉄火災（平成15年2月）

[*1] 山村武彦『人は皆「自分だけは死なない」と思っている』宝島社、2011年
[*2] 広瀬弘忠『人はなぜ逃げおくれるのか』集英社文庫、2004年

　ライフライン施設は種類により、復旧までに要する時間が異なる。水害（長崎、山陰）、地震（宮城県沖、浦河沖、日本海中部、釧路沖）後の90％復旧日数[2)]を比較すると、電力が0.5～6日と早かったのに対して、上水道は3～16日、ガスは16～24日を要した（小規模災害を含んでいる）。ガスの復旧に時間を要するのは、上下水道などのように、問題なく送れるかどうかを試験的に確認できないからである。なお、水害による被災を受けやすい設備とその浸水対策を示すと、**表 5.5** のとおりである。ステップとは出入口に設けられる10 cm程度の段差である。特に地下施設が浸水による被災を受けやすい。

最後に**人間心理**からみた被害助長要因(避難などでは阻害要因)もある(**表 5.6**)。最も多いのは⑦正常化の偏見(または正常性バイアス)で,緊急事態が発生しても,起きていることは何かの間違いであると正当化し,対応行動をとらない心理現象である。現象を異常と感じたくない心理である。川治プリンスホテル火災(昭和 55 年 11 月)の例がよく取り上げられ,火災時に何も対応しなかったグループと,すぐに対応したグループが対比されている。また,災害対応にあたっては①のエキスパート・エラー,④の誤った災害経験にも注意する必要がある。**表 5.6** の阻害要因のうち,要因 ⑤ ≒ ⑥ で,両者の特徴は類似している。

6

水害被害に対する対応

6.1 戦後の水害と治水対策

(1) 法律・制度・組織の変遷

　戦後発生した水害のうち，大規模な水害に対しては，その後新たな法律・制度が制定されたり，事業や対策が実施された。主要なものを列挙すると**表 6.1**のとおりになる。戦後最多の死者が発生した伊勢湾台風後，現在の治水事業の根拠となった治水事業十箇年計画が策定されるとともに，災害対策基本法が制定された。特に戦後台風，昭和47（1972）年7月水害，東海豪雨災害などを契機として，水防法，構造令などの多数の法律・政令が制定された。近年では新たな法律の制定は少ないが，福岡水害以降の水害や東日本大震災を契機として，たびたび水防法が改正されたほか，平成16（2004）年水害以降に土砂災害防止法が改正された。表中の法律名は略称で書かれているものもあり，正式名称は巻末の「文中の略称」に記載している。

　また，多摩川水害（昭和49年9月），石狩川水害（昭和50年8月），長良川水害（昭和51年9月）といった直轄大河川の破堤や相次ぐ都市水害を契機として，昭和54（1979）年に総合治水対策特定河川事業が始まったが，法的根拠がない，受益と負担および利害関係が明確でないなどの理由で十分実施されなかった。これに対して，平成15（2003）年に特定都市河川浸水被害対策法として，4都市河川（鶴見川，寝屋川，新川，巴川）を対象に，河川・下水道が一体となって対策を講じることができるようになったほか，河川管理者が雨水貯留浸透施設を整備できるようになった。平成16（2004）年水害に対しては，平成17（2005）年に水防法が改正され，洪水ハザードマップの作成・公表が義務づけられ，その後作成・公表数が増加した。東日本大震災以降は巨大災害に対する特別警報や広域避難（平成24年災対法），水防団員の安全確保（平成23年水防法）が打ち出された。大雨特別警報は数十年に一度の大雨が予想されたときに出される

‖6‖ 水害被害に対する対応

表 6.1 災害が契機となって制定された法律・制度[*1][*2]

年　号	契機となった災害		法律・制度・事業
昭和 20～22 年	枕崎台風(昭和 20 年 9 月)～カスリーン台風(昭和 22 年 9 月)⇒	昭和 22 年	災害救助法
		昭和 24 年	水防法
		昭和 27 年	気象業務法
昭和 28 年	梅雨前線豪雨(昭和 28 年 6 月),南紀豪雨(昭和 28 年 7 月)⇒	昭和 28 年	治山治水基本対策要綱
昭和 34 年	伊勢湾台風(昭和 34 年 9 月)⇒	昭和 35 年	治水事業十箇年計画 治山治水緊急措置法
		昭和 36 年	災害対策基本法
昭和 36 年	伊那谷水害(昭和 36 年 6 月)⇒	昭和 37 年	激甚災害法
昭和 41 年	台風 26 号に伴う土石流災害(昭和 41 年 9 月)および	昭和 42 年	急傾斜地崩壊対策事業
		昭和 44 年	急傾斜地崩壊防止法
昭和 42 年	西日本豪雨(昭和 42 年 7 月)⇒	昭和 47 年	防災集団移転法
昭和 47 年	北九州,島根,広島における豪雨災害(昭和 47 年 7 月)⇒	昭和 48 年	災害弔慰金法
		昭和 51 年	河川管理施設等構造令(政令)
昭和 51 年	長良川水害(昭和 51 年 9 月)ほか⇒	昭和 54 年	総合治水対策特定河川事業
平成 5 年	平成 5 年 8 月豪雨⇒	平成 6 年	詳細な解析雨量情報の発表
平成 7 年	阪神・淡路大震災(平成 7 年 1 月)⇒	平成 7 年	災害対策基本法の改正(2 回)
		平成 8 年	官邸危機管理センター
平成 11 年	広島・呉の土砂災害(平成 11 年 6 月)⇒	平成 13 年	土砂災害防止法
平成 11 年 平成 12 年	福岡水害(平成 11 年 6 月)および東海豪雨災害(平成 12 年 9 月)⇒	平成 13 年	水防法の改正
		平成 15 年	特定都市河川浸水被害対策法
平成 16 年	新潟・福島豪雨(平成 16 年 7 月),福井水害(平成 16 年 7 月),円山川水害(平成 16 年 10 月)⇒	平成 17 年	水防法の改正,土砂災害防止法の改正
平成 23 年	東日本大震災(平成 23 年 3 月)⇒	平成 23 年	水防法の改正
		平成 24 年	災害対策基本法の改正
		平成 25 年	災害対策基本法の改正,水防法の改正
		平成 27 年	水防法の改正
	東日本大震災(平成 23 年 3 月)および台風 12 号(平成 23 年 9 月)⇒	平成 25 年	特別警報
平成 26 年	広島の土砂災害(平成 26 年 8 月)⇒	平成 27 年	土砂災害防止法の改正

[*1] 栗城 稔・末次忠司「戦後治水行政の潮流と展望—戦後治水レポート—」土木研究所資料, 第 3297 号, p.71, 1994 年
[*2] 末次忠司『河川技術ハンドブック』鹿島出版会, p.186, 2010 年

警報で，これが発令されると，これまで経験したことのないような非常に危険な状況になるので，市町村の避難情報に従って，適切な行動をとることが定められた。平成27（2015）年11月から，気象庁は地震・津波の特別警報に加えて，大雨・高潮などの特別警報もアラーム音とともに，携帯電話に緊急速報メールを配信することとした。

　河川防災・減災関係の代表的な**組織**として，国土交通省などがある。元々は昭和23（1948）年に創設された建設省（前身は明治6（1873）年の内務省）で，平成13（2001）年に国土交通省に組織再編された。組織内にあった河川局は水関係の土地・水資源局水資源部と都市・地域整備局下水道部を含めて，平成23（2011）年に水管理・国土保全局となった。国交省の出先機関である○○地方建設局と第○港湾建設局はあわせて平成13（2001）年より○○地方整備局となった。また，付属機関の土木研究所は建設省と同時の昭和23（1948）年に創設（前身は大正11（1922）年の内務省土木試験所）されたが，平成13（2001）年に国の国土技術政策総合研究所と（独）土木研究所に分かれた。大学では昭和26（1951）年に災害学理に関する総合研究を行うため，京都大学に防災研究所（3部門の一つが水害防御）が創設された。学会は明治12（1879）年の工学会を前身とする土木学会が大正3（1914）年に創設された。学会内の河川関係の委員会は平成15（2003）年からの水工学委員会があるが，前身は昭和15（1940）年の水理公式調査委員会，昭和36（1961）年の水理委員会である。

　災害対策基本法で一義的な責任を有している地方行政機関の市町村は財政危機の深刻化や地方分権の推進から平成7（1995）年の合併特例法[1]を契機に，平成16（2004）〜17（2005）年度ごろをピークとして平成の大合併が進み，全国の市町村数は3 132（平成16年3月）→ 2 521（平成17年3月）→ 1 821（平成18年3月）→ 1 777（平成21年3月）→ 1 718（平成26年4月）となり，市町村数が減った分，それぞれの防災範囲が広域となった。そのため，広域で水害が発生した場合は県も対応しなければならない場合がでてくる。また，洪水調節ダムは国や県でも管理しているが，水資源機構管理のダムもある。前身の水資源開発公団は昭和37（1962）年に創設され，平成15（2003）年に特殊法人改革

1）　本法律は昭和40（1965）年に制定され，10年ごとに改正された。平成7（1995）年には自主的な合併の推進の趣旨を明示するとともに，住民が合併協議会設置を直接請求できるようになった

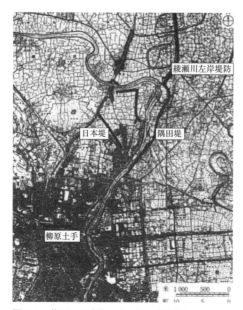

図 6.1 荒川の日本堤・隅田堤の位置図
（出典：迅速測図（下谷・市川驛・麹町・逆井村），明治 13 年測量）

により水資源機構となった。河川事業などの公共事業を支援するコンサルタント会社としては，日本工営（昭和 21 年），パシフィック・コンサルタンツ（昭和 26 年），建設技術研究所（昭和 38 年）などが事業展開を行った。

(2) 治水施設の整備

伝統的な治水施設としては，戦国時代に武田信玄が富士川に設置した霞堤や信玄堤，成富兵庫茂安が佐賀県の嘉瀬川に設置した突堤（象の鼻，天狗の鼻）や遊水地などがある。霞堤は天竜川や信濃川などの急流区間（1/250～1/100）に多く，上流での氾濫水を河道に戻す効果があり，黒部川（昭和 44 年 8 月）などで効果を発揮した。江戸時代には徳川家康による利根川の東遷事業，河道付替事業（木曽川，淀川・大和川（河村瑞賢），斐伊川）が行われたほか，利根川には中条堤，荒川右岸には 1.4 km の日本堤，左岸には 3.8 km の隅田堤などの二線堤が配置されていた（**図 6.1**）。これらの二線堤は漏斗状の氾濫原を形成し，洪水を遊水させて，下流の氾濫被害を軽減していた。荒川では洪水流は隅田堤側へ誘導され，天正 18（1590）年～明治 45（1912）年の破堤実績をみると，隅田堤が 3 回破堤したのに対して，日本堤は破堤しておらず，これにより江戸中心部を防御していたことが伺える。

戦前は新潟平野を水害から守るため，信濃川に大河津分水路（**写真 6.1**）が建設されたり（大正 13 年），東京の治水対策として，荒川放水路が建設される（昭和 5 年）などの大規模治水施設が建設された。治水だけが目的ではない[1]が，

---

1) ショートカットに伴う流速増大により，水位が低下し，河川沿川の水田の乾田化（米の収量増加）を図ることができる

6.1 戦後の水害と治水対策

写真 6.1 大河津分水路：右が本川，左が分水路（出典：国土交通省北陸地方整備局資料）距離の短い地点に分水路を建設している。分水路下流（写真の上左）は掘削土砂量を少なくし，大流量を流すため，流速が速くなるよう，川幅が狭くなっている

　石狩川では大正時代より蛇行流路のショートカットが実施された。大河津分水路の計画高水(こうすい)流量は放水路では日本一の 11 000 m³/s であるが，昭和 2（1927）年に河床低下により自在堰が陥没破壊し，昭和 6（1931）年に修復された。利根川では明治 33（1900）年以降，腹付けを中心とした堤防拡幅が行われた（**図 6.2**）。一方，戦争直後は国力・財政力の低下に伴い，大規模な治水施設を建設することは困難であり，あまり建設されていない。

　高度経済成長期以降，**表 6.2** のように**大規模な治水施設**が各地で建設されはじめた。利根川水系では田中・菅生(すごう)・稲戸井(いなどい)・渡良瀬(わたらせ)の遊水地が建設され（**写真 6.2**），大規模な放水路も狩野川，豊川，太田川などに建設された。狩野川放水路は約 3 km 区間のうち，約 1 km 区間が日本最大のトンネル河川[1]（99～115 m²）である。放水路は狩野川台風後ではなく，それ以前から計画されていた。昭和 62（1987）年からはスーパー堤防（高規格堤防）の施工が淀川や利根

---

1) トンネル河川は中小河川に多く，勾配は 1/2 000～1/100，断面は馬蹄(ばてい)形(けい)か矩(く)形(けい)で，計画流量は 200 m³/s 以下がほとんどである（出典：末次忠司『河川技術ハンドブック』鹿島出版会，p.196，2010 年）

表6.2 大規模治水施設の諸元

西暦	河川名	施設名	計画流量,洪水調節容量など
昭和35(1960)年	利根川	田中調節池	2 400 m³/s
		菅生調節池	1 000 m³/s
昭和42(1967)年	太田川	太田川放水路	9 km, 4 000 m³/s
昭和45(1970)年	利根川支川渡良瀬川ほか	渡良瀬遊水地（第1〜3調節池）	**9 400 m³/s**
平成2(1990)年	雄物川支川玉川	玉川ダム	1.07億 m³ 貯留
平成12(2000)年	－	なにわ大放水路（下水幹線）	最大内径 **6.5 m×12.16 km**
平成14(2002)年	荒川支川白子川	比丘尼橋下流調節池	**21.2万 m³ 貯留**
平成18(2006)年	利根川支川中川ほか	首都圏外郭放水路	6.4 km, 200 m³/s
平成20(2008)年	荒川支川神田川	神田川・環状七号線地下調節池	4.5 km, **54万 m³ 貯留**
	木曽川支川揖斐川	徳山ダム	**1.23億 m³ 貯留**
平成25(2013)年	斐伊川	斐伊川放水路	開削部 4.1 km, 2 000 m³/s
平成26(2014)年	信濃川	大河津分水路可動堰改築	**11 000 m³/s** 洪水時は本川の堰を閉じて,洪水全量を分水路へ
平成28(2016)年完成予定	－	第二溜池幹線（下水幹線）	最大直径 **8 m×4.5 km**

　川など（5水系6河川：対象区間約 800 km）で始まった。スーパー堤防は堤防高の約 30 倍の堤防敷を有し，越水（15 cm の越水に耐えられる）や浸透に対して強い堤防である。都市部にはなにわ大放水路（大阪）などの大口径の下水幹線が建設されたほか，第二溜池幹線（東京）が建設中である。また，バブル期以降は比丘尼橋下流調節池，首都圏外郭放水路などの地下河川・調節池が都市部を中心に建設された。日韓ワールドカップ・サッカー（平成 14 年）が開催された日産スタジアムも鶴見川多目的遊水地内にある施設である。洪水調節容量が 1億 m³ 前後の早明浦・玉川・徳山ダムも建設された。なお，上表で各施設の最大計画流量などを太字で示した。

　大河川では**堤防**の拡幅や嵩上げが行われ，例えば利根川（139 k 右岸：**図6.2**）では改修改訂計画（昭和 24 年），新改修改訂計画（昭和 55 年）などに基づいて，平成年代には明治以前の旧堤の約 2 倍の高さの堤防となった。また，石狩川（40.7 k 左岸：**図6.3**）では特に昭和 46（1971）年，昭和 54（1979）年，平成 5（1993）年の改築により，昭和 32（1957）年堤防の 2 倍以上の高さの堤防となり，治水

6.1 戦後の水害と治水対策

写真6.2 田中・稲戸井調節池（平成13年9月）（出典：国土交通省関東地方整備局資料）田中調節池右側の堤防のうち，水面で見えなくなっている部分が，洪水が調節池に流入する越流堤区間である

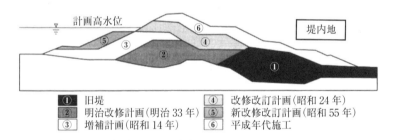

① 旧堤
② 明治改修計画（明治33年）
③ 増補計画（昭和14年）
④ 改修改訂計画（昭和24年）
⑤ 新改修改訂計画（昭和55年）
⑥ 平成年代施工

図6.2 築堤の履歴（利根川139k右岸）
（出典：末次忠司『河川技術ハンドブック』鹿島出版会，p.179，2010年）

安全度が向上した。直轄区間（現在管理延長約1万km）の完成堤・暫定堤[1]の整備状況をみると，図6.4のとおりで昭和40年代に大きく整備が進み，現在の完成堤は当時の約2倍の延長である。堤防の質でみると，堤防の締固めには最大乾燥密度の比が85％以上になるのが施工上の目標であるが，昭和25（1950）

---

[1] 暫定堤とは堤防高は計画高水位より高いが，高さ（余裕高）や幅が足りない堤防のことをいう。堤防高が計画高水位より低いと暫々定堤という

‖6‖ 水害被害に対する対応

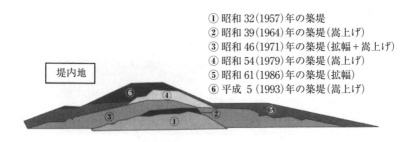

図 6.3 築堤の履歴（石狩川 40.7 k 左岸）
（出典：末次忠司『河川技術ハンドブック』鹿島出版会，p.179，2010 年）

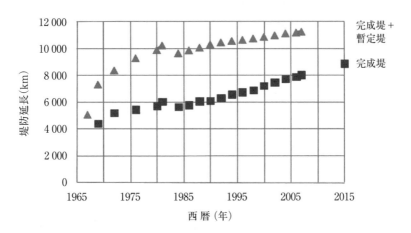

図 6.4 完成堤・暫定堤の整備状況

～40（1965）年に築堤した堤防は締固めが不十分[1]で，クラックが生じたり，漏水が多いなどの弱点がみられる。また，以前の施工では堤体内に（災害復旧時に入れた，または残ったと思われる）ガラや異物があり，これが堤防被災の原因となる場合がある。こうした人為的弱点はなくても，堤体内に異なる性質の土層が分布していると，浸透などにより被災しやすい。

堤防などの河川管理施設は洪水流などに対して弱い場合もあるが，意外と強い一面もあり，例えばカスリーン台風（昭和22年9月）による利根川破堤の場合，

---

[1] 機関車から土を投下する高撒き方式，浚渫土を土砂流送管で運ぶサンドポンプ方式のため，締固めが不十分であった

氾濫水が東京へ流入するのを防ぐために氾濫水を江戸川へ排水するよう，東京都のGHQへの依頼により，進駐軍が江戸川堤防を爆薬で爆破しようとしたが，爆破できず，最後は周辺住民の手作業でやっと幅10m開削され，浸水が徐々に引いた（この段階では東京は既に氾濫していた）。ほかの氾濫水還元のための堤防開削事例[1]としては，淀川（明治18年6月），利根川支川江戸川（昭和22年9月），阿賀野川（昭和41年7月），鳴瀬川支川吉田川（昭和61年8月），千曲川支川鳥居川（平成7年7月）などがある。また，多摩川水害（昭和49年9月）では，洪水流を阻害して，迂回流を発生させた宿河原堰を自衛隊がダイナマイトで爆破しようとしたが爆破できず，最後は建設省により堰中央が爆破された。

河川堤防では越水，侵食，浸透の各外力に対応した対策がとられている。洪水を越水させないためには，以下の対策により洪水流下能力を増大させる必要がある。対策の実施にあたっての留意点についても併せて示した。

- 堤防改修 → 堤防の引堤・嵩上げ‥‥家屋移転，橋梁（道路，鉄道）付替を伴う
- 河道掘削 → 高水敷・河床の掘削，木本・草本の伐採‥‥掘削土の運搬先，運搬コストに留意する。また，生態系にとって影響が少ない掘削（河床が単調にならない掘削）を行う
- 施設改修 → 堰・床止めの切り下げまたは撤去，橋梁の架替‥‥切り下げなどに伴う上流区間の河床低下の影響

越水対策[2]としては，越流水の大きなせん断力が作用する裏のり尻には，地盤高より下にカゴマットからなる「のり尻工」を設置する（**図6.5**）。のり面はブロックなどによる強化がよさそうであるが，間隙から流入した越流水によりブロック下ののり面が洗掘されるので，越流水の流入を防止できる「遮水シート」を敷設する。シートは紫外線により劣化するので，シート上に土を被せる必要がある。そして，天端をアスファルトで舗装しておく。この方式だと，堤防全体をカバーすることになるので，堤体内に貯まった空気を排出する排気層および越流水による侵食から保護する「のり肩保護工」を天端の裏のり肩に設

---

1) 大熊 孝「堤防の自主決壊による氾濫水の河道還元に関する研究」土木史研究，第18号，p.190, 1998年
2) 国土交通省河川局治水課『河川堤防設計指針（第3稿）』2000年

|6| 水害被害に対する対応

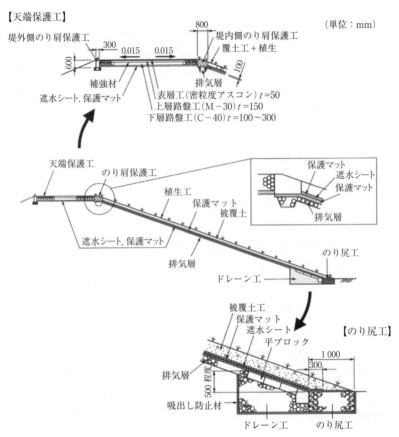

図 6.5 耐越水堤防の構造（出典：国土交通省河川局治水課「河川堤防設計指針（第 3 稿）」2000 年に加筆）

置しておく。なお，堤体の締固め度を上げることは耐越水性向上に有効であるし，最低天端を舗装するだけでも，それほどコストをかけずに耐越水効果は向上する。天端舗装ではアスファルトなどで，のり肩を巻くように覆うと，越水に対してさらに効果的となる。

なお，ダム年鑑を用いて調べた洪水調節ダム（総貯水容量 1 000 万 m³ 以上：総洪水調節容量では 74 % を占める）の洪水調節容量上位ダムを示せば，以下のとおりである。ダムは中上流域で洪水調節を行い，下流の水位を低下させるので，特に越水に対して有効である。表 6.3 をみると，近年になるにつれて，洪

表6.3 洪水調節容量の多いダム

水系名・河川名	ダム名	管理者	洪水調節容量	竣工年
木曽川・揖斐川	徳山ダム	水資源機構	1.23億m^3	2008(平成20)年
雄物川・玉川	玉川ダム	国土交通省	1.07億m^3	1990(平成2)年
吉野川・吉野川	早明浦ダム	水資源機構	0.9億m^3	1977(昭和52)年
九頭竜川・真名川	真名川ダム	国土交通省	0.89億m^3	1977(昭和52)年
北上川・猿ケ石川	田瀬ダム	国土交通省	0.845億m^3	1954(昭和29)年

水調節容量が大規模化していることがわかる。1億 m^3 を超える洪水調節ダムが2ダムあり，洪水調節流量が多いダムは2 000 ～ 3 000 m^3/s 程度（最大は吉野川の早明浦ダム，紀の川の大滝ダムの2 700 m^3/s）である。

侵食対策としては，まず湾曲により堤防・河岸侵食が起きやすいかどうかについて，河道法線形の妥当性を確認する。侵食は洪水流により発生する場合もあるが，外岸側の深掘れによって生じる場合も多い。次に高水敷幅とのり覆工について検討する。側方侵食に対して，高水敷幅は急流のセグメント1区間で40 m，セグメント2-1区間で30 m，セグメント2-2, 3区間で20 m程度必要である。ただし，急流河川では低水路幅を狭めて高水敷を造成すると，掃流力が増大し，高水敷の前面が流失してしまう危険性がある。侵食対策の護岸などの計画・設計は『護岸の力学設計法』[1]に従って，流速・洗掘深（せんくつ）を評価し，それに耐えうる護岸・根固め工を設置する。護岸以外には洪水流の勢いを減少させる水制，流水の阻害とならない水制である縦工，単断面の幅広堤防により堤防侵食を防ぐ前腹付けなどの侵食対策がある[2]。

浸透対策[3] としては，堤体内の浸透水を堤防外へ排出する「ドレーン工」が最も効果があるが，堤脚水路を設置する，また目詰まりに気をつける必要がある。ドレーン工周囲には吸出し防止（フィルター）材を設置する。ほかには以下に示す「堤体を対象とした工法」，「基礎地盤を対象とした工法」がある。機能としては，浸透路長の延長（断面拡大工法，表のり面被覆工法，ブランケット工法），川表からの浸透水遮水（川表遮水工法）のほか，ドレーン工と同様の揚圧力の低減（ウェル工法）がある。

---

1) 国土開発技術研究センター編『護岸の力学設計法』山海堂，1999年
2) 末次忠司『河川技術ハンドブック』鹿島出版会，pp.227-229, 2010年
3) 国土技術研究センター『河川堤防の構造検討の手引き』国土技術研究センター，2002年

‖6‖ 水害被害に対する対応

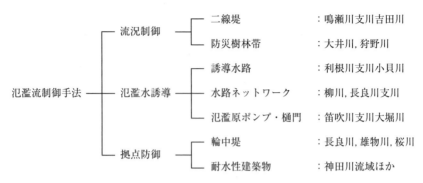

図 6.6　主要な氾濫流制御手法（出典：末次忠司「氾濫原管理のための氾濫流制御と避難体制の強化」氾濫原危機管理国際ワークショップ論文集，1996 年）桜川は利根川支川である

表 6.4　主要な氾濫流制御手法の概要と効果

手　法	手法の概要と効果	備　考
二線堤[*1]	盛土により，浸水の拡大を防止（下流域の都市域を防御）する：氾濫原勾配 $I<1/1000$ で，二線堤下流域の資産が上流域の 3 倍以上の流域で有効	利根川（中条堤）， 吉田川（鉄道・道路盛土） 左記効果は盛土高 2 m で検討
防災樹林帯[*2]	建物上流側の樹林群により，建物の氾濫被害を軽減：樹林帯下流で樹林幅の 2 倍区間で v^2h が樹林帯なしの 50% 以下の効果（主に樹林による減速効果）	那珂川支川余笹川（平成 10 年 8 月），大井川（舟形屋敷），狩野川（屋敷林） 左記効果は舟形屋敷周囲の樹木間隔 2.4 m，胸高直径 21 cm の条件で計算
水路ネットワーク[*3]	水路網により氾濫水を排除する：平均アクセス距離 L^* の変化により，水路なし（$h_{max}=4$ m）→ $L=500$ m（2 m）→ $L=140$ m（1 m）と浸水深を軽減	柳川，長良川支川 左記効果は 1km×2 km の上流域に 200 m³/s のピーク氾濫流量を与えて解析した

* 対象面積を A，総水路延長を ΣL とすると，$L=A/2\Sigma L$ で表示できる
[*1] 末次忠司・都丸真人・舘健一郎「二線堤の氾濫流制御機能と被害軽減効果」土木研究所資料，第 3695 号，2000 年
[*2] 末次忠司・舘健一郎・小林裕明「防災樹林帯の氾濫流制御効果」土木研究所資料，第 3538 号，1998 年
[*3] 栗城稔・末次忠司・舘健一郎ほか「河川ネットワークによる浸水排除効果」土木技術資料，Vol.39, No.7, 1997 年

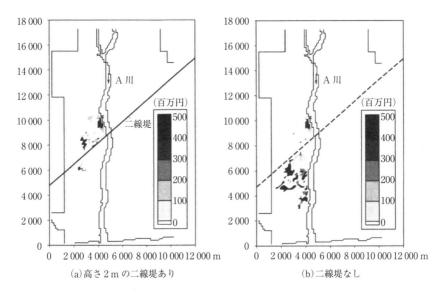

図 6.7 二線堤による氾濫流制御効果（水害被害額で表示）（出典：末次忠司・都丸真人・舘健一郎「二線堤の氾濫流制御機能と被害軽減効果」土木研究所資料, 第 3695 号, 2000 年）

・堤体を対象とした強化工法‥‥
　　断面拡大工法，表のり面被覆工法，全面被覆工法
・基礎地盤を対象とした強化工法‥‥
　　川表遮水工法，ブランケット工法，ウェル工法

越水や破堤に対する**氾濫対策**もある．氾濫に対しては，さまざまな氾濫流制御手法（**図 6.6**）があるが，以下では流況制御の二線堤・防災樹林帯，氾濫水誘導の水路ネットワークについて記述した（**表 6.4**）．二線堤では盛土上流域の浸水上昇はあるが，下流の都市域を防御でき，全体としての水害被害額を軽減できる（**図 6.7**）．防災樹林帯の効果は解析だけでなく，現地においても有効性が確かめられている（**図 6.8**）．例えば，那珂川支川余笹川では平成 10（1998）年 8 月洪水による氾濫流に対して，上流側に樹林があった家屋の流失率は樹林がなかった家屋の約半分であり，氾濫流制御効果がみられた．また，3 章の**写真 3.1** の狩野川氾濫（昭和 33 年）で流失しなかった家屋も標高がやや高く，周囲に屋敷林があったため，氾濫流による流失を免れたものである．

以上の治水施設の整備にあたっては，洪水流などの外力に対する構造的な条

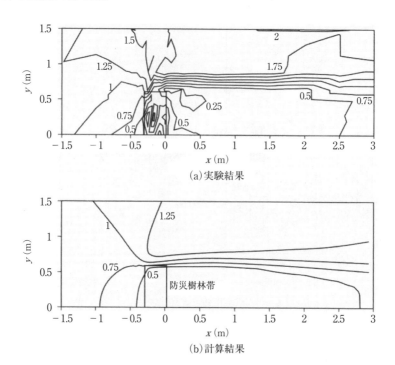

図 6.8　防災樹林帯による流体力の軽減（無次元化した v^2h で表示）
（出典：末次忠司・舘健一郎・小林裕明「防災樹林帯の氾濫流制御効果」土木研究所資料，第 3538 号，1998 年）

件だけでなく，**環境や経済性にも配慮**することが重要である。

＜環境への配慮＞

河川改修や災害復旧を行う場合，環境にとっては河床高や粒径に変化を持たせる多様性や，動植物に必要な空隙を確保することが基本となる。

- 樹木伐採：流下能力増大のための樹木伐採にあたっては，コゲラやシジュウカラなどの樹林性鳥類の生息・営巣環境に悪影響を与えないかどうかについて検討する。影響が大きい場合は皆伐ではなく，影響の少ない間伐を行う。
- のり面勾配：河川環境上，淵になることが望ましい区間はのり面を急勾配にして，根元に巨礫などの根固め工を設置するほうが環境にとってよい。また，のり面を緩勾配にすると，生態系にとって十分な水面幅が得

られない場合も，のり面は急勾配のままにしておく
- 低水路拡幅：拡幅幅が大きいと，砂州が形成されたり，洗掘などが発生するなど，維持が困難となる．拡幅に伴って，高水敷幅が狭くなるときは，無理に高水敷を設けるのではなく，河岸沿いに寄州を設けるようにする
- 床止め：床止めの設計で護床工の下流端にエンドシル（減勢のための副堰堤）を設置すると，護床工に水が貯まって，魚類にとってよい環境となる

＜経済性への配慮＞

治水効果の点より，複数の治水方式について検討を行い，治水経済調査マニュアルなどを用いて，経済性（費用対効果）を比較・検討する．
- 堤防嵩上げ：洪水流下能力を向上させる堤防の嵩上げでは，建物移転や橋梁の付替を伴うので，それらも含んだコスト計算を行い，ダムなどのほかの治水方式との比較・検討を行う必要がある
- 河道掘削：河道掘削では掘削費用に加えて，河道内樹木の伐採，土砂・樹木の運搬・処分費用などについてもコスト計算を行い，治水方式の検討を行う
- 護岸の基礎工：最深河床高が低いため，基礎工天端高が深くなる場合，根固め工や矢板を設置して根入れを浅くすると，経済的となる
- 床止め：床止めの設計では，バッフルピア（減勢のための副堰堤で間隔のあいたもの）やエンドシルの採用に伴う洪水流の減勢により，護床工の長さを短くするよう検討する

また，**土砂災害対策**としては，戦前では明治11（1878）年以降，全国8大河川では直轄の砂防工事，他河川では県の直営施工が行われた．昭和13（1938）年には梅雨前線に伴い阪神大水害[1]が起きたことから，積極的に砂防事業が行われた．戦後，土砂流出防止のために成長力が旺盛な北米原産のハリエンジュが山腹に植林されたが，この根や種子が中下流へ移動し，ここ20年の樹林化の一原因となっている．また，昭和41（1966），42（1967）年の土砂災害を受けて，法律が制定されたり，急傾斜地崩壊対策事業が実施された．現在はそれぞれの災害ごとに，土砂災害危険箇所が指定され，下記した各種対策が実施されてい

---

1) 六甲山地ははげ山が多く，地質が脆い花崗岩のため，土石流や氾濫災害が発生した．特に神戸市では616人が犠牲となった．谷崎潤一郎の長編小説『細雪』の舞台ともなった

るが，整備率は 20 〜 30 %とそれほど高くない。危険箇所は広島，長野，兵庫，長崎に多く，全国に約 21 万か所ある。

土石流危険渓流*	全国 89 518 か所	1 位　広島県 5 607 か所	2 位　兵庫県 4 310 か所	3 位　長野県 4 027 か所
地すべり危険箇所	全国 11 288 か所	1 位　長野県 1 241 か所	2 位　長崎県 1 169 か所	3 位　新潟県 860 か所
急傾斜地崩壊危険箇所*	全国 113 557 か所	1 位　広島県 6 410 か所	2 位　兵庫県 5 557 か所	3 位　長崎県 5 121 か所

＊ 3 通りの箇所数が公表されているが，ここでは人家 5 戸以上の危険渓流・箇所数で表している

- 土石流：砂防堰堤，流路工，導流堤，床固め工，遊砂地
- 地すべり：地下水排除工，集水ボーリング工，押え盛土工，アンカー工，抑止工
- 急傾斜地崩壊：法枠工，コンクリート張工，待受擁壁工

　大規模な施設の施工にあたっては，**施工の機械化**が必要となる。戦前では明治 42 (1909) 年より，信濃川・大河津分水路（約 10 km）の施工が始まり，外国製の最新鋭機械（ラダーエキスカベータ（掘削機）やスチームショベル）が用いられ，人手はのべ 1 000 万人，掘削土量は約 3 000 万 m³ という大規模工事であった。荒川では明治 40 (1907) 年および 43 (1910) 年水害を契機に，明治 44 (1911) 年より放水路（22 km）建設が始まった。人力や蒸気掘削機（米国製蒸気ドラグライン）による掘削が行われ，掘削土量は約 2 000 万 m³，17 橋の大工事となった。工事に伴う移転家屋は 1 300 世帯におよんだ。戦後の昭和 23 (1948) 年には大企業により，ショベル，ドラグラインなどの重土工機械の生産が開始された。昭和 31 (1956) 年には国産の建設機械を主力として最初に施工された五十里ダム（鬼怒川支川の男鹿川）が完成した。昭和 35 (1960) 年には国産 30 トン級ブルドーザやコンクリートポンプ車などが製造された。このころより，直営施工から請負化への移行が始まり，役所で保有される建設機械台数は減少していった。近年は建設機械の大型化，無人化施工技術の開発が進められている。山岳トンネルの NATM 工法に対して，都市部の地下河川などの地下施設工事ではさまざまなシールドマシーンが活躍した。φ 17m の大口径マシーン，5 〜 6 cm/ 分（φ 6 〜 8 m の場合）の高速掘削マシーンのほか，5 km 以上の長距離

や急曲線施工に対応したマシーン，横長・縦長のトンネル掘削用の2・3連マシーンなども開発された。

(3) 施設の運用・管理による対応

　治水対策を施設の変更や運用により行う方法もある。河道では余裕のある河道区間で拡幅する（余笹川など）ほか，貯水容量を増大させる方法がある。ダムでは堤体の嵩上げ（新丸山ダム，新中野ダムなど）や容量再配分（鶴田ダム，二風谷ダムなど）により治水容量を増大できる。河川管理施設ではないが，ため池を嵩上げして，治水容量として使っているケースもある。一方，**施設の運用**（1章で示した「管理型減災」）では，例えばダムにおいては，洪水状況などに応じて，

　・最大放流量を決めて，予備放流水位まで放流する「予備放流」
　・利水容量を一時的に使って，貯水位を制限水位以下に低下させる「事前放流」。水位が回復しない場合は，利水補償しなければならない場合がある
　・洪水調節容量の8割相当水位に達した後，貯水池への流入量に相当する量を放流する「ただし書き操作」

を行う。また，ダムや遊水地において緊急放流を行ったり，氾濫原樋門・ポンプを用いる方法がある。例えば，平成18（2006）年7月の豪雨により，千曲川支川犀川で避難判断水位を超え，さらに増水するおそれがあったため，国交省は東京電力などに放流量抑制を要請した。その結果，洪水調節容量を持たない発電ダムであったが空容量を活用し，6ダム（大町，七倉，高瀬，奈川渡，水殿，稲核）で1460万 m^3 の洪水を貯留した。このように，緊急時には利水容量を用いた洪水調節も視野に入れて，対応していく必要がある。また，樋門は通常河川や水路に接続して設置されているが，大規模な氾濫や長期間の氾濫が想定される地域では，河川や水路がない場所に氾濫原樋門が設置されている場合もある。

　安倍川には丘陵地近くまで伸びた霞堤があり，江戸時代に新田を洪水流から

1）末次忠司『水害に役立つ減災術—行政ができること　住民にできること—』技報堂出版，pp.150-152，2011年

‖6‖ 水害被害に対する対応

写真 6.3 霞二線堤で陸閘となる鉄製ゲート
通常は霞二線堤内に格納されている

防御するためにつくられた。筆者はこれを**霞二線堤**と称し，安倍川と支川藁科川に11か所ある[1]。その高さは本川堤防高と同じで，上流側に伸びている場合は，地盤高に応じて上流側がやや高くなっている。一部区間は開口され，開口部には鉄製ゲートの陸閘(13か所)を設置できるようになっている(**写真6.3**)。特に本川左岸にある与一堤，伝馬町堤，安西堤は陸閘を閉じれば，上流からの氾濫流を確実に防御でき，下流の静岡市街地を水害から守ることができる。平成23(2011)年に国土交通省と静岡市が中心となって，洪水時における陸閘の操作要領を定めた。この要領によれば，安倍川の牛妻水位観測所(16k)の水位が

・T.P.4.7mに達した段階で，門屋下陸閘を閉鎖し，
・T.P.4.9mに達した段階で，残り10か所の陸閘を閉鎖する

よう，規定している。ただし，陸閘の閉鎖は氾濫流の制御には有効であるが，通過交通の妨げとなるので，未だ課題は残っている。

　低平地河川における水害の原因の一つは流域からのポンプ排水である。東海豪雨(平成12年9月)のときに，愛知県は庄内川支川新川流域の**ポンプ**場管理者に**運転調整**を要請したが，排水を停止しなかった管理者がいた[1]。これが一

---

1) 末次忠司『水害に役立つ減災術―行政ができること　住民にできること―』技報堂出版，pp.47-48，2011年

因となり，新川ではHWLを11時間超過する洪水となり，名古屋市西区で破堤災害が発生した。水害後，排水調整要綱が作成され，下記のような運用が平成13（2001）年6月より開始された。愛知県内の日光川流域でも同様の排水調整が昭和52（1977）年9月にはルール化されていた。なお，これまで排水停止の実績はない。下記のT.P.は東京湾中等潮位で，東京湾霊岸島水位観測所における平均海面の高さを表す。

- 下之一色水位観測所でT.P.2.9mに達したら，新川に排水する全65ポンプを停止する
- 水場川外水位水位観測所でT.P.5.2mに達したら，新川上流域で排水する24ポンプを停止する
- 支川五条川の春日水位観測所でT.P.5.4mに達したら，五条川流域で排水する26ポンプを停止する

施設の管理に関しては，出水期前後を中心に，**施設の巡視・点検**を行う。巡視・点検にあたっては，施設のどこをどうみれば，効率的・効果的に被災や劣化を発見できるかについて，以下に留意事項を示す（**図6.9**）。

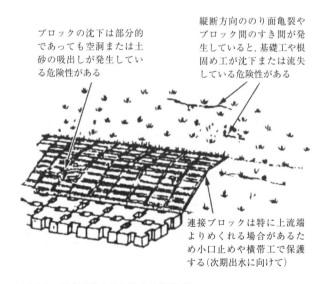

図6.9 侵食被害を見る場合の留意点
（出典：末次忠司・川口広司・古本一司ほか「河川堤防における点検と維持管理」土と基礎，54-8，2006年）

- 天端やのり面は下がっていないか（のり崩れに伴う横亀裂はないか）
  縦亀裂は地震でも生じるが，横亀裂は堤防下部が下がっている可能性がある
- （特に沈下した）ブロック裏の土砂は抜け出していないか
- 堰・床止め・橋脚周辺は河床低下していないか
- 樋門周辺に段差は生じていないか
  特に杭で支持されている樋門は抜け上がり，堤防天端やのり面に段差が生じることがある
- 洪水流による土砂の吸出しが生じるようなブロック間の「すき間」はないか

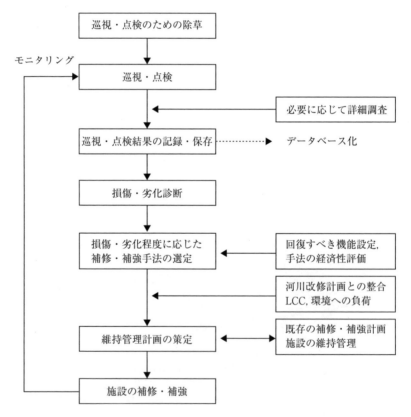

図 6.10　システム的に考えた維持管理のフロー図（出典：末次忠司編著『河川構造物維持管理の実際』鹿島出版会，p.10，2009 年）

最後に今後河川管理施設の老朽化が集中することを考えると，**長期的な施設の維持管理**について考えておかなければならない．河川管理では流域ごとに維持管理計画を策定し，更新費などの平準化を図る必要がある．また，一連の維持管理をシステム的に考えておくことが重要である（**図6.10**）[1]．巡視・点検結果は施設の劣化過程を知るためにデータベース化しておくとともに，その診断結果に基づいて適切な補修・補強手法を選定する．維持管理計画は河川改修計画や既存の維持管理計画との整合，環境への影響に配慮しながら策定する．計画に従って補修・補強された施設は十分機能を発揮するかどうかをモニタリングにより確認しておく必要がある．図中でLCCとは施設の建設，運用，廃止に至るまでに要するコストで，Life Cycle Cost の略である．

(4) ソフト対策の推進

河川堤防の整備が十分でなかった時代から現在に至るまで，水防・避難活動は重要なソフト対策である．**水防活動**は越水対策の土のう積み工などの工法で，効果的な減災対策である．越水・侵食・浸透・堤体亀裂防止に関する代表的な工法を示せば，以下のとおりである．特によく行われている工法は太字とした．

- 越水：**土のう積み工**，せき板工，蛇かご積み工
- 侵食：**木流し工**，竹流し工，立てかご工，むしろ張り工，シート張り工
- 浸透：**月の輪工**，釜段工，**シート張り工**
- 堤体の亀裂：五徳縫い工，かご止め工，折り返し工

水防というと古来からの伝統的な工法のため，すぐに近代化が課題であると言われる．しかし，身近にある材料や資材を使用することがよい点であり，近代化して洪水時に材料や資材を迅速に入手できなくなると，緊急対応手法としての意味がなくなってしまう．近代化よりも，水防工法・技術の理解を進めることのほうが重要である．以下には，水防工法・技術のノウハウの一部を紹介する．詳細については，『水防ハンドブック』[2] を参照されたい．

- 竹を地面にささりやすくする竹尖げは竹の先端を持った者は竹を鎌にあてがうだけで，後ろの者が竹を引いてとぐ．竹は節下3～5cmのところ

---

1) 末次忠司編著『河川構造物維持管理の実際』鹿島出版会，2009年
2) 国土交通省国土技術政策総合研究所監修・水防ハンドブック編集委員会編『水防ハンドブック』技報堂出版，2008年

から次の節 3～5 cm のところを残すように斜めにそぐ
- 杭の先端を削る杭拵えでは杭は直径の 2～3 倍のところより、3 方向から底面が 3 cm の正三角形となるように削る（堤防に入れたとき、杭が割れないよう、先端は尖らせない）
- 洪水流に対する影響を最小限にするため、土のう（長手積、長手ならべ）のしばり口は下流に向け、控え土のう（小口積、小口ならべ）のしばり口は川裏側に向ける
- 木流し工は枝や葉がついた「しいの木」や「かしの木」がよく、堤体の損傷を防ぐため、枯枝などを取ることが大切である
- 堤防の裏のり、裏小段から漏水が生じた場合、まず川表の漏水口を探しだし、詰土のう工などを行う。漏水口が見つからないときはむしろ張り工などを下流部から連続して行い、漏水口を塞ぐことが先決であるが、これらと並行して川裏で月の輪工を行う
- 堤防が水で飽和しているときに杭を打つと、新たな亀裂をつくる原因になるので、杭打ちをしてはならない

水防体制についてみると、**図 6.11** のように昭和 35（1960）年に約 170 万人いた水防団員（ほとんどは消防団員を兼務[1]）は約 88 万人（平成 25 年）まで半減し、市町村を主とする水防管理団体も、市町村の平成大合併（6.1（1）項）に伴って、

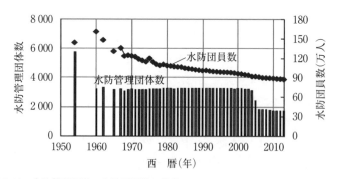

図 6.11 水防管理団体・水防団員数の推移
（出典：末次忠司『河川技術ハンドブック』鹿島出版会、p.291、2008 年）

---

[1] 専任の水防団員も約 1.4 万人いるが、98％以上が兼務している。多くがボランティアで、通常は自分の仕事をしていて、火事や洪水になると、出動して活動を行っている

> |コ・ラ・ム| **水防の神様** | 水防は古来から受け継がれてきた伝統的な減災手法であり，それぞれの地域に，水防に詳しい，いわゆる水防の神様がいる。関東地方の神様としては千葉県栄町に白石明氏がいて，利根川の水防に貢献した。筆者も付き合いがあり，新たなむしろ張り工を開発すると，わざわざ私の職場に見せに来てくれた。『水防ハンドブック』[*1]の執筆でも，存分に水防技術を示してくれた。関西地方では淀川水防事務組合に神様がいるし，四国にはロープ技術[*2]に長けた山本邦一氏がいる
>
> [*1] 国土交通省国土技術政策総合研究所監修・水防ハンドブック編集委員会編『水防ハンドブック』技報堂出版，2008 年
> [*2] 全国防災協会編『写真と映像で学べる水防工法の基礎知識』全国防災協会，2008 年

団体数が減少している。今後実効的な水防活動を実施していくには，
- 定年年齢を上げたり，広く勧誘するなどして，団員数を確保する
- 水防活動人数が足りない場合は，水防団 OB にも参加してもらう
- 水防技術を向上させるよう，洪水・被災状況に対応した実践的な水防訓練を行う
- 水防資器材の種類や数量を把握できる検索システムを導入するとともに，災害時に迅速に調達できるよう，建設業協会や建設会社などと資器材提供に関する協定を締結しておく

ことが大事である。

水防や避難活動にも関係するが，ソフト対策として重要なのが**情報伝達**である。伝達される（豪雨・台風災害に関係する）情報の種類は

① 気象情報	降雨量・範囲，風速・風向，台風(位置，気圧，風速，暴風域)，前線(位置)
② 水位情報	河道水位，潮位，＜洪水予報＞
③ 注意報・警報	注意報(大雨，洪水，高潮，雷，波浪，強風) 警報(大雨，洪水，高潮，波浪，暴風) 特別警報(大雨，暴風，高潮，波浪) ＜水防警報＞ (記録的短時間大雨情報：注意報・警報ではないが)
④ 避難情報	避難勧告，避難指示，避難所・経路
⑤ 災害情報	侵食，浸透，浸水，越水，破堤，土砂災害など

＊＜　＞は行政機関のみの情報を示している

などがある。降雨量は雨量計，レーダー雨量計のデータが配信される（両者によるレーダー解析雨量の場合もある）。河道水位はテレメータにより送信されたデータだけでなく，最近は洪水状況を動画でみることができるカメラ映像がインターネットに配信されている。これらの情報がさまざまな手段を通じて伝達される。伝達手段には住民が直接入手できるテレビやラジオもあるが，ほかに以下に示した手法がある。

【市町村→住民】
- 広報車：上表の③〜⑤などの情報伝達。浸水区域への伝達は難しい
- 防災行政無線（同報型）：③〜⑤などの情報伝達。最も普及しているスピーカー型であるが，雨音などで広域に音声が届かない（豪雨時に各家庭で雨戸を閉めていて聞き取りにくい）場合がある
- 防災行政無線（各戸型）：③〜⑤などの情報伝達。町内会長や自主防災組織のリーダー宅などに配置されている場合がある
- 緊急速報メール：④や特別警報，津波警報，緊急地震速報などの情報伝達。気象庁が発信した情報が携帯電話会社を通じて，利用者の携帯電話に送信される（市町村が契約している場合）

【行政機関→住民】
- インターネット：国土交通省「川の防災情報」などでは，特に①〜③の情報が伝達される。なお，レーダー雨量，雨量・水位（テレメータ）のデータは10分ごとに更新されているが，更新には8〜10分を要する

【民間会社→行政機関・住民】
　ウェザーニュースなどの気象会社やアプリ開発会社から，スマホを通じて，気象や台風情報などを入手することができる。防災アプリには，NTTレゾナントの「goo防災アプリ」やファーストメディアの「全国避難所ガイド」などがある

【行政機関内】
　行政機関内では洪水予報や水防警報などの情報が伝達される。注意報や警報も含めて，情報の種類によっては，職員の携帯電話に送信されるものもあるが，例えば水防警報は

　　　国交省事務所→県庁→県土木事務所→水防管理団体

表 6.5 警報などの基準雨量

種　類	東京 23 区	大阪市	名古屋市
大雨警報	R1 が 40 〜 70 mm 以上 or R3 が 70 〜 110 mm 以上	R1 が 40 mm 以上 or R3 が 70 mm 以上	R1 が 50 mm 以上（平地），R3 が 60 mm 以上（平地以外）
記録的短時間大雨情報	R1　100 mm 以上	R1　100 mm 以上	R1　100 mm 以上

＊R1 は 1 時間雨量，R3 は 3 時間雨量を表す

の経路（県庁または県土木事務所を経由しない場合もある）で，電話や FAX で伝達されるので，時間を要する．インターネットによる国土交通省「川の防災情報」，気象庁から市町村へ配信される「防災情報提供システム」などもある

注意報・警報のうち，大雨警報の発令基準雨量は 1 時間雨量または 3 時間雨量により定められていることが多い（**表 6.5**）．東京 23 区では，区ごとに基準雨量は異なるが，40 〜 70 mm/h 以上の範囲内にある．大阪市は東京 23 区の下限値程度である．なお，全国的にみても，洪水警報も大雨警報とほぼ同様の発令基準である．一方，記録的短時間大雨情報の基準雨量は大雨警報基準雨量の約 2 倍である 100 mm/h 以上が多い．

ソフト対策で最も重要な対策は<u>避難活動</u>である．避難には指定避難所などへの水平避難と，自宅の 2 階などへ避難する垂直避難がある．水平避難については避難率が 10 〜 30% と低いことが問題である（**表 6.6**）．事前に近隣の避難所

表 6.6　水害時の避難率

年　月	水害名	市町村名	主要河川名	避難率
昭和 57(1982) 年 7 月	長崎水害	長崎市	中島川	13 %
平成 2(1990) 年 7 月	平成 2 年 7 月水害	佐賀県多久市・武雄市など 2 市 4 町	六角川	19 %
平成 10(1998) 年 8 月	平成 10 年 8 月末豪雨	福島県郡山市	阿武隈川	20 %
		茨城県水戸市ほか	那珂川	25 %
平成 16(2004) 年 7 月	新潟・福島豪雨災害	新潟県見附市	刈谷田川	19 %
		新潟県中之島町	刈谷田川	36 %
		新潟県三条市	五十嵐川	23 %
平成 16(2004) 年 10 月	台風 23 号災害	兵庫県豊岡市	円山川	33 %

出典：末次忠司『水害に役立つ減災術―行政ができること 住民にできること―』技報堂出版，p.113, 2011 年

の周知を図る必要がある。避難命令には避難勧告と避難指示があるが，その意味が住民に徹底されていないと感じられる。避難勧告は被害が発生するおそれのあるとき，避難を勧め促すもので強制力はない。一方，避難指示は避難の緊急度が高く，被害の危険が切迫したときに発せられ，拘束力が強いという違いを知っておくべきである。避難勧告や指示を行うことが予想される場合に，それに先立ち避難準備情報が発令される。これは高齢者など避難に時間を要する人に早めの避難を促すもので，「準備」ではあるが，高齢者・身障者・乳幼児などの要配慮者は避難させることとなっている。

また，低平地の避難所は浸水して避難者が再避難を余儀なくされたケースもあるため，今後は**避難所の浸水危険度を評価**することが大事である。浸水危険度は避難所の床高，避難所周辺の道路上の予想浸水深で評価する。すなわち，安全性が確保される条件は

① 避難所の床高＞洪水ハザードマップ上の浸水深×a

　　‥‥安全に避難所に留まれる目安

② 避難所周辺道路の洪水ハザードマップ上の浸水深×a ＜ 0.5 m

　　‥‥安全に避難所に行ける目安

の両者を勘案して決められる。下表に示すように，①は満足するが②は満足しない場合は，水害時の道路浸水深などによるし，②は満足するが①を満足しない場合は，避難所が浸水する可能性はあるが，可能性は低いと考えられる。なお，式中の係数 a は低平地で浸水危険性が低い避難所が少ない地域では，この係数を 0.7 ～ 0.8 として判定してもよいものとする。

①の条件 ＼ ②の条件	OK	NG
OK	安全に避難できる	避難所の床高＞道路浸水深，または水害時の道路浸水深＜0.5 m の場合は OK
NG	避難所の床高＞水害時の道路浸水深の場合は OK	避難所の床高＞水害時の道路浸水深，かつ水害時の道路浸水深＜0.5 m の場合は OK

垂直避難については，平屋の場合は対応が難しいが，総務省統計局の「住宅統計調査」によれば，過去 20 年間で平屋の割合は 17.8 %（平成 5 年）→ 8.5 %（平成 25 年）と半減しており，一戸建てだけでみても，26.0 %（平成 5 年）→ 14.0 %（平

成 25 年）と半減しているので，問題は少ないと思われる．水防・避難に関しては，洪水危険度に対応して水位観測所ごとに避難判断水位などが示されており，**表 6.7** の避難注意水位で避難準備を行い，避難判断水位で避難を行うこととなっている．荒川，淀川の基準となる水位をみると，レベルが上がるごとの設定水位が河川で大きく異なることがわかる．水位名が平成 19（2007）年に変更されたことに注意する．なお，表には記載していないが，氾濫すると危険レベルは 5 となる．指定基準では，どの程度の洪水位上昇速度（5.2 節）を採用するかが課題である．特に都市内中小河川は上昇速度が速く，一般に避難するのに 1 〜 2 時間を要するので，かなり早期に避難勧告・指示を発令することになる．したがって，住民にとって適切な発令タイミング（ある程度危険が実感できる水位で避難する）とするには，この避難所要時間を短くする必要があり，迅速な情報伝達手法（6.1(4)項），近い避難所の指定を行うことが大事である．

表 6.7　水防・避難のために設定された水位の指定基準など[*1]

危険レベル	水位名[*2] (旧名称)	水位の指定基準(目安)	荒川： 岩淵水門	淀川： 枚方
この水位を超えると，レベル 4	氾濫危険水位 (危険水位)	完成堤では HWL 以下，暫定堤では(堤防高−余裕高) 以下で，越水までに避難完了できる水位である．区間内の低い堤防高で決まる	7.7 m	5.5 m
同 レベル 3	避難判断水位 (特別警戒水位)	氾濫危険水位から（洪水位上昇速度 × 避難所要時間）の水位上昇量を差し引いて設定される	7.0 m	5.4 m
同 レベル 2	避難注意水位 (警戒水位)	洪水により災害が起きるおそれがある水位または平均低水位から HWL までの間の下から 5 〜 7 割の水位	4.1 m	4.5 m
同 レベル 1	水防団待機水位 (指定水位)	計画高水流量の約 2 割の流量に相当する水位または洪水が高水敷に乗る水位	3.0 m	2.7 m

[*1] 末次忠司『河川技術ハンドブック』鹿島出版会，pp.289-290，2010 年
[*2] 平成 19(2007)年 4 月「洪水等に関する防災情報体系の見直し実施要綱」に基づき，水位名称が変更された

これまでの**避難活動で成功した事例**をみると，成功要因は以下のとおりである[1]。

- **多数の避難所と避難誘導員**：香川県内海町では昭和49（1974）年の豪雨災害以降，自治会単位ごとに2〜3か所の避難所を指定するとともに，さらに66か所の一時避難所を指定した。また，地区対策本部に住民10〜20人に1人の割合で避難誘導員を配置した
- **切迫した事態であることを伝える**：山陰水害（昭和58年7月）において，島根県三隅町では大雨・洪水警報が断続的に発令されたため，町長は並大抵の避難命令では効果がないと判断し，自らマイクを持って，非常事態宣言を3回繰り返した。その結果，濁流が町を襲ったが，避難した町民600人は無事であった
- **避難所配置図を配付する**：宮崎県延岡市の五ケ瀬川および大瀬川では平成5（1993）年8月洪水で計画高水位を突破し，氾濫の危険性が出てきたため，避難誘導時に避難所配置図を配付したほか，市・警察・消防が連携して，対応にあたった。その結果，5 000人以上の住民が避難勧告発令後30分以内に避難できた（これは台風時であったために，できた対応である）

　避難に関しては，大水害・複合災害の発生や市町村合併による**広域避難**の必要性が高まっている。災害対策基本法で避難活動は一義的には市町村に責任があるため，法律上は個々の自治体で避難を完結させる傾向が強い。しかし，鬼怒川水害（平成27年9月）で常総市が市内の避難所への避難を勧めるあまり，浸水域への避難を促す結果となったことなどに鑑み，個々の市町村の枠を越えて，隣接する市町村群で避難者の受け入れを分担することも考慮すべきである。因みにカスリーン台風（昭和22年9月）時の浸水面積は440 km^2，伊勢湾台風（昭和34年9月）時の浸水面積は310 km^{2}で，カスリーン台風時の浸水面積を上回る面積の市町村は244もある（最大は岐阜県高山市の2 177 km^2）。

　平成6（1994）年から作成・公表された**洪水ハザードマップ**も重要なソフト対策で，平成15（2003）年に作成数が300を超えた（**図6.12**）。平成17（2005）

---

1) 吉本俊裕・末次忠司・桐生祝男「水害時の避難体制の強化に関する検討」土木研究所資料，第2565号，1988年

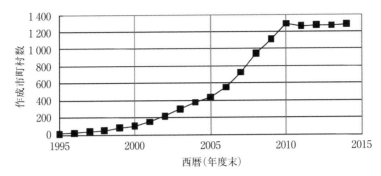

図 6.12 洪水ハザードマップの作成数の推移
東日本大震災の被災地のデータが計上されていない年がある

年の水防法改正に伴って，作成が義務化されたことから作成が進み，平成 27（2015）年には 1 300 以上のマップが作成・公表されている。マップが不要な市町村を除くと，9 割以上の市町村で作成済みである。今後は各氾濫原特性に対応した情報（氾濫流速，浸水日数など）を掲載したマップを作成するとともに，活用される（捨てられない）方策を考えていく必要がある。特徴的な洪水ハザードマップには

＜気づきマップ・逃げどきマップ：愛知県清須市＞
　気づきマップでは庄内川，新川，五条川の破堤による地域ごとの浸水状況を示している。逃げどきマップでは建物の階数，浸水危険度などに対して避難行動の指針を示している

＜関川水系洪水ハザードマップ：新潟県上越市＞
　通常のマップには時間に対する情報は掲載されていないが，本マップには氾濫水の到達時間分布が示されており，避難のためのリードタイム（時間的切迫性）を知ることができる。また，主要道路の冠水区間も示されている

＜浸水予測図：宮城県岩沼市＞
　成人用に水害避難マニュアル，子供用にハザード・パスポート（クイズ形式）をつくった。小冊子「水害避難マニュアル　知っていますか？　あなたの安全のために」には各自が避難経路図を作成する欄が設けられている

＜浸水予測図・洪水情報図：宮城県名取市＞
　小冊子「水害 BOOK　まさかの時，あわてないために」などが作成され，

小冊子には避難の判断基準（雨量ほか），書込み式避難経路図，洪水情報の流れ，避難のポイントが記されている
などがある。なお，洪水ハザードマップの認知度は6％（平成14年）→43％（平成18年）と高くなっているし，内閣府が平成21（2009）年に行った全国調査（個別面接）では，1,944人（65％）の回答があり，31％の人が洪水ハザードマップにより防災情報を確認したことがあるという結果[1]であり，マップを知っているだけではなく，活用されていることを表している。一方，内水ハザードマップも300（平成27年9月）作成されているが，住民が外水氾濫と内水氾濫を混同しないよう，もっと周知すべきである。

　避難などの浸水対策を迅速かつ確実に実行するのに，**減災教育**は欠かせない。減災教育を徹底することにより，子供のときから減災の重要性を認識して，緊急時に率先して対応する姿勢が養われる。水害について言えば，地震や津波の避難訓練はあるが，水害の避難訓練はない。特に低平地の市町村では，水害に特化した訓練を行うべきであり，着衣泳のように水中歩行を体験しておくことも大事である。学校では副読本を利用して，水害の恐ろしさ，水害時の対応の仕方などを勉強しておく。内閣府では伊豆大島の土砂災害（平成25年10月）を契機に，平成26（2014）年9月に「避難勧告等の判断・伝達マニュアル作成ガイドライン」を出したが，そのなかで示した住民自らが適切な避難行動を考え，確認する取組みを普及・促進するための住民による「災害・避難カード」[2]を作成する試みは，有効であると言える。

　避難や減災教育などの**地域防災・減災**を進めるには，近隣のショッピングセンターや民間会社に指定避難所を提供してもらったり，病院や高層ビルを一時避難所とするよう，協定の締結を行う方法がある。また，地域住民を集めて，講習会やセミナーを開催するが，防災だけでは興味を持たない人もいるので，「防犯・防災」をテーマとする。また，地域のイベント（祭り，ウォーキング会など）のなかで，開催する方法もある。住民と専門家が地域を歩いて，水害に危険な箇所を抽出し，公民館などに集まって，避難マップを作成するのも有効である。

---

1)　内閣府政府広報室「防災に関する特別世論調査」2010年
2)　あらかじめ，ホームページやインターネットなどを見て，災害に対する行動，注視する情報，避難場所などをカードに記入しておく

子供に防災に興味を持たせるには，危険箇所にスタンプを置いておき，スタンプラリーをしながら，危険箇所を知ってもらうなどの工夫が必要である。

　個人のソフト対策として**保険**がある。洪水保険があるのは世界中で米国だけである。米国は保険大国であり，洪水保険が普及しているのは土地利用規制[1]や政府融資とリンクしているからである（堤防などの洪水防御施設を建設する事業費を減らすために保険を活用）。歴史的にみて，日本では昭和13（1938）年に風水害保険の販売が開始されたが，逆選択制（水害地域がある程度限定され，保険または保険会社が選択される）があり，保険会社が積極的に販売しなかったこともあって，現在の契約件数は少ない。主流となっているのは，住宅総合保険に特約として，「水災」を補償対象とすることで，浸水や土砂災害に対して補償される仕組みである（通常の火災保険では水害は対象となっていない）[2]。水災が保険で担保されるようになったのは伊勢湾台風（昭和34年9月）が契機となっている。

　住宅総合保険は，平成10（1998）年の保険自由化に伴い，新型の火災保険となり，下記のとおり支払条件や金額基準などが変更された。
＜支払条件＞床上浸水または45 cm以上の浸水に加えて，45 cm以下の浸水でも損害割合が30％を超える場合も支払いの対象となった
＜金額基準＞従来の時価に対して再取得金額となった
＜支払上限＞上限は保険金額の70％または損害額の70％のうちの低いほうであったが，保険金額までに変更された

　また，店舗に対しては店舗総合保険が販売されているほか，JAからは建物や動産を補償対象とした建物更正共済が販売されている。保険金の支払いは台風災害では8～9割が火災保険から支払われることが多いが，自動車災害が多かった東海豪雨災害（平成12年9月）では火災保険からの支払いが37％であったのに対して，自動車保険からの支払いが53％と多かった。一方，被災者に対する**経済支援**は，被災者生活再建支援法により，平成10（1998）年より支援が始まり，現在

1）　日本のように建築制限が行われているが，州によっては100年確率洪水位より標高の低い特別洪水危険地域内での建物新設を認めない州もある
2）　末次忠司『河川の減災マニュアル』技報堂出版，pp.272-274，2009年

- 全壊世帯に最大 300 万円＝基礎支援金 100 万円＋加算支援金[1] 200 万円
- 大規模半壊世帯に最大 250 万円＝基礎支援金 50 万円＋加算支援金 200 万円
- 半壊世帯に最大 56.7 万円（原則世帯収入が 500 万円以下）

が支給される（単身世帯の場合は上記金額の 3/4 である）。内閣府によれば，全壊・半壊の認定基準は以下のとおりである。

- 全壊：住家の損壊・流失部分の床面積が住家の延床面積の 70％以上に達した場合，または住家の主要な構成要素の経済的被害が住家全体に占める割合が 50％以上に達した場合である
- 大規模半壊：住宅が半壊し，構造耐力上主要な部分の補修を含む大規模な補修を行わなければならない場合で，損壊部分が住家の延床面積の 50〜70％の場合，または住家の主要な構成要素の経済的被害が住家全体に占める割合が 40〜50％の場合である
- 半壊：住家の損壊は甚だしいが，補修すれば元どおりに再使用できるもので，損壊部分が住家の延床面積の 20〜70％の場合，または住家の主要な構成要素の経済的被害が住家全体に占める割合が 20〜50％の場合である

(5) 災害復旧工法 [2] [3] [4]

　水害が発生した後の対応では，6.1 (2)項の氾濫対策と同時に，2 次災害が発生しないように，破堤した堤防の締切りを行う必要がある。迅速な締切りを行うには仮締切りから仮復旧に至るまでの工程の計画を策定すると同時に，対応できる近隣の職員などを招集し，また災害対策用機械や復旧資器材を迅速に調達することが重要となる。**復旧計画**は

- 【第一工程】

　　　欠け口止め工：ブロックなどを破堤断面付近に投入して，拡大を防ぐ
　　　仮水制工：水制などにより洪水流が破堤部へ向かわないようにする

---

1) 住宅の建設・購入で 200 万円，補修で 100 万円，賃借で 50 万円が支給される
2) 締切工法研究会編集『応急仮締切工事』全国防災協会・全国海岸協会，1963 年
3) 国土開発技術研究センター『堤防決壊部緊急復旧工法マニュアル』1989 年
4) 末次忠司『河川技術ハンドブック』鹿島出版会，pp.297-298，2010 年

掘削工：対岸の高水敷などを掘削し，破堤部への流量を減少させる
・【第二工程】
　　　荒水止め工：石やブロックにより，破堤部を遠巻きに締め切る
・【第三工程】：仮締切工（漸縮工，せめ工）
・【第四工程】：仮復旧堤防

の各工程ごとに策定する必要がある．災害対策用機械については照明車，排水ポンプ車，災害対策車などの位置および稼働状況を衛星通信により一元管理できる統合管理システムが運用されている．資器材調達に関しても，災害対策資器材検索システムができている国交省の地方整備局もある．このシステムでは河川・距離標や地先名などから災害地点を検索したり，災害地点周辺の施設（水防倉庫，土取場など）を表示したり，施設にある資器材の種類・数量を表示してくれる．

　仮締切りにあたっては，以下の基準を目安にして，**締切方法**を選定する．越水破堤に対しては在来法線仮締切りが多いが，そのほかの破堤（漏水，洗掘ほか）に対しては，堤外仮締切りが多く採用されている．在来法線仮締切りは堤防本復旧工事に利用できるが，仮締切工事に利用した捨石や捨ブロックが支障となる場合があるし，川幅が狭い場合の堤外仮締切りは洪水流を阻害するので，避けたほうがよい．緊急復旧工法としては，盛土工（捨石・捨ブロック，杭打ち，サンドポンプ船）や鋼矢板工（二重式）が多く採用されている．鬼怒川水害では堤外仮締切り工として，二重式鋼矢板工が採用された（**図 6.13**）．

・堤内地の深掘れが少ない，仮締切延長が短い → 在来法線仮締切り
・堤内地が深掘れし，高水敷があり，川幅が広い → 堤外仮締切り

　緊急復旧工事の工程は前述したとおりであるが，海岸・感潮河川では第二または第三工程から始める．サンドポンプ船により破堤箇所に土砂を流送する場合，粗朶沈床[1]，捨石工，杭打土俵詰みなどの工法を荒水止め工に用いる．また，急流河川では第一工程が終了したら，流水を止め，直ちに本復旧にとりかかる．ほかの留意事項を示せば，以下のとおりである．

・洪水の主流が破堤箇所から離れるように，破堤箇所上流に水跳ねの水制

---

1) 粗朶沈床はしなやかな素材（枝，杭など）で構成されたマット状の根固め工で，河床低下に追随できる

‖6‖ 水害被害に対する対応

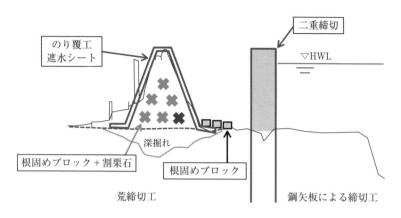

図 6.13 鬼怒川における破堤の荒締切工と仮締切工（出典：国土交通省関東地方整備局資料）

または聖牛[1]を設置する
・橋梁や浅瀬が多いと，ポンプ船の河川遡航（そこう）は困難となるので，減水前の時間を有効に利用して回航する
・破堤箇所の締切作業が破堤中央の最深部に進むにつれて必要土量は急激に増加する

復旧では欠け口止め工，荒水止め工と破堤箇所の締切りが進むにつれて，必要土量が増えるだけでなく，氾濫流の流速は速くなり，打設した杭が折損することがある。したがって，最後の締切りとなる「せめ」を行う前に，沈床や捨石などの洗掘防止工事を行う必要がある。なお，ブロックの流失限界速度は形式により異なるが，移動しにくい平面型ブロックの場合，流速 4.7 m/s では 3 t 以上の重量のブロックが必要である（**図 6.14**）。ブロック以外の対応として，昭和 26（1951）年 10 月に福岡県行橋市（ゆくはし）を流下する今川の破堤では，江尻川合流点で破堤し，仮締切りのために，盛土工，杭打ちと併せて，船を沈めたこともある（**図 6.15**）。

破堤以外の災害復旧では，越水・侵食・浸透に伴う施設の被災や変状が破堤に至らないよう，応急的に対応する。越水・侵食による堤体の断面欠損に対し

---

[1] 聖牛は堤防や河岸への洪水流の衝撃を緩和するための伝統的な施設で，設置する向きに気をつける。先鋭な方を上流にすると，洪水流が堤防や河岸に衝突して逆に侵食を助長する場合がある

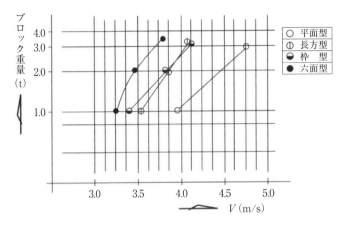

図 6.14　ブロック重量と移動限界流速との関係（出典：国土開発技術研究センター「堤防決壊部緊急復旧工法マニュアル」p.154，1989 年）

ては，堤体周りに大型土のうを投入したり，袋体を積み上げて断面を確保することが重要である。本復旧までに時間を要する場合は，耐候性土のう袋[1]を採用する。また，川表側前面には洪水流に抵抗できるよう，重量のある袋体やブロックを投入する。本復旧工事では被災箇所周囲を矢板で囲み，ドライな状態にしたうえで，これらの投入資材を取り除いて土砂などで復旧する。投入資材をしっかり取り除かないと，次の堤防被災（漏水など）の原因となる。

　復旧にあたって問題となるのは，ブロックや各種資器材などを運搬する緊急車両が通れる道路の確保（**道路啓開**）である。浸水している道路は通れないし，破堤復旧の場合は，最後はダンプトラックが堤防上に集中することになり，これをいかに分散させて，かつ効率的に誘導できるかが課題となる。また，河口部近くで破堤した場合は，ブロックや各種資器材などを水上輸送やヘリコプターなどにより空輸することを考える必要がある。ほかに，被災家屋から出されたゴミにより道路が通れなくなることもある。被災した家屋1軒からは2〜3トンのゴミが出てきて，道路を塞ぐことがある。鬼怒川の破堤災害（平成27

---

[1]　太陽光線の紫外線に耐えられる素材で作製された土のう袋で，最長3年間は現地で使用することがる。一方，フレコンバッグは粉末や粒状物の荷物を保管・運搬するための袋であるので，土のうのように使うのには適さない

‖6‖ 水害被害に対する対応

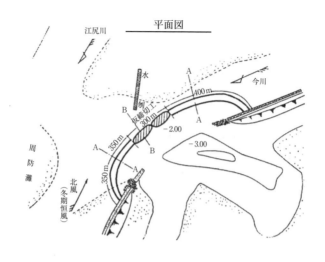

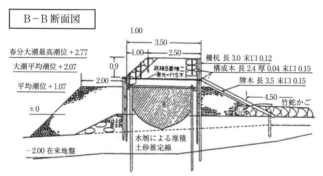

図 6.15 今川における災害復旧状況（出典：締切工法研究会編集『応急仮締切工事』全国防災協会・全国海岸協会，1963 年）

年9月）では，茨城県の推計で常総市内で土砂を含め，2.4万トンの廃棄物が出ると見込まれている（付録1）。なお，緊急車両の通行を容易にするための一般車両の交通規制は，通行が限定される橋梁で行うのが得策である。

　復旧後の**復興**ではボランティアの活動も大きい。平成7（1995）年の阪神・淡路大震災をボランティア元年として，それ以降多数のボランティアが活動してきた。阪神・淡路大震災では発災後1か月間で，のべ62万人のボランティアが活動した。20代の学生や20～40代の会社員の参加が多かった。平成10（1998）年8月末豪雨災害（栃木県など）でも，10代の高校生が多数参加し，発

災後3か月半で約5500人が活動した[1]。今後は行政・社協・民間グループが三位一体となった連携をとるとともに，活動の核となるボランティアのコーディネーターは平常時に研修や訓練を受けて能力を養成しておく必要がある。

6.2 最近30年間の出来事・対策・事業

最近30年間程度の出来事・対策・事業としては，
- 平成 2（1990）年　多摩川水害（**写真6.4**）に関して，最高裁で被告が敗訴
- 平成 6（1994）年　洪水ハザードマップの作成・公表
- 平成 9（1997）年　河川法の改正
- 平成14（2002）年　「河川堤防の構造検討の手引き」「河道計画検討の手引き」などの発行
- 平成18（2006）年　首都圏外郭放水路（**図6.16**）の完成
- 平成23（2011）年　東日本大震災の発生

などがある。

写真6.4　多摩川水害の状況（東京都狛江市）（出典：狛江市ホームページ）
宿河原堰が洪水流を阻害し，迂回流により沿川左岸の19戸の民家が流失した

宿河原堰

---

1) 末次忠司・舘健一郎・武富一秀「防災ボランティアの現状と課題」にほんのかわ，第87号，pp.6-27，1999年

昭和 50 年代前半までは被告である国や県が敗訴することが多かったが，適切な改修計画の策定または改修を行っていれば，管理責任は問われないとした大東**水害訴訟**の最高裁判決（昭和 59 年 1 月）以降，提訴件数が減少するとともに，被告の敗訴は減少した。そのなかで，多摩川水害訴訟の最高裁判決では「堰・護岸などは構造令からみれば，十分安全な構造とは評価できず，災害実績から災害危険性を予測できた」として，水害訴訟の最高裁判決で被告（国）が初めて敗訴した[1]。これは長良川安八水害訴訟（昭和 57 年 12 月）以来の被告敗訴でもあった。水害訴訟はその後の行政機関の制度・事業などに影響しただけでなく，河川技術の進捗にも影響を及ぼした。一方，総合治水対策の登場以降，各河川で浸水実績図などの洪水危険地図が作成されてきた。氾濫シミュレーション技術の進展とともに，いわゆる土木研究所方式をベースに洪水ハザードマップ（コラム参照）が作成され，現地の地形特性などとの照らし合わせにより，解析結果の確認が行われた。当時，浸水予測情報の公開に対して，不動産などの開発業者などから批判・反発されることが危惧されたが，そうした問題は起こらず，注目されていないという逆に残念な結果であった。

> |コ・ラ・ム| **大東水害訴訟での河川管理の制約** | 　最高裁判決では河川管理には①財政上の制約，②時間的制約，③技術的制約（危険度・効果を考慮した改修順序），④社会的制約（都市化と河川改修のバランス）の 4 つの制約があるとされ，適切な改修を行っていれば，管理責任は問われない（過渡的な安全性で足りる）とされた

　平成 9（1997）年の河川法の改正では河川環境の整備と保全が法的に位置づけられるとともに，河道計画の変更（工事実施基本計画を河川整備基本方針と河川整備計画に変更）が注目されがちであるが，**事業の経済評価**についても規定された。現在よく用いられている「治水経済調査マニュアル」も「治水経済調査要綱（昭和 45 年）」を見直して策定された。治水経済調査要綱との主要な変更点は以下のとおりである。

---

[1] 末次忠司『河川技術ハンドブック』鹿島出版会，p.164，2010 年

- 氾濫ブロックごとに被害額が最大となる地点を破堤箇所とした
- 評価対象期間を整備期間＋50年とし，割引率4％を用いた総便益評価の方法を採用した（費用計算でも同様）
- 一般資産の被害率は平成5（1993）～8（1996）年の実態調査結果を用いた。公共土木施設は昭和62（1987）～平成8（1996）年の水害統計などによる被害率を用いた
- 間接被害として，営業停止損失は営業停止・停滞日数に応じた付加価値減少額を計上した
- 費用計算では堤防および低水路などは，減価しないものとした。護岸などは評価対象期間終了時点の残存価値を10％とする
- 維持管理費として，毎年の定常的な費用と，突発的に支出される費用を積算する

ここにも氾濫シミュレーション技術が反映されている。河川法改正（平成9年）前に行われた建設省河川局「水害統計」の見直し[1]を含めた治水経済関係の**マニュアル**策定は筆者が一手に担当し，多いときで7つの経済関係委員会に参加していた。治水ではないが，河川環境事業の経済性評価を行う「河川に係る環境整備の経済評価の手引き[2]」も，私が所属していた土研・都市河川研究室にいた研究員が中心となって作成したものである。

> **|コ・ラ・ム| 氾濫シミュレーション手法の改善|** 氾濫シミュレーションは浸水予測，事業の経済評価などに欠かせない手法である。平成6（1994）年の米国からの帰国後，誰もが洪水ハザードマップのことを言い，聞くと自分の研究と関係するものだとわかり，早速委員会に参加した。特に中央大学の福岡先生を部会長とする部会では建物を考慮した解析手法である，いわゆる土木研究所方式が京都大学の先生，コンサルタント会社と議論され，採用に至った。この部会で破堤幅とその時間的変化，メッシュ幅などの設定法についても了解された。今思えば，普通5年ぐらいかかることを2年ぐらいで行った時期であった

---

1) 末次忠司「治水経済史－水害統計及び治水経済調査手法の変遷」土木史研究，第18号，1998年
2) 河川に係る環境整備の経済評価研究会「河川に係る環境整備の経済評価の手引き（試案）」2000年

その後、堤防や施設を経験則ではなく、工学的見地から計画・設計する考え方が打ち出され、河川堤防に対する外力・評価・対策を洪水時の浸透・侵食に対して検討するマニュアル「河川堤防設計指針」「河川堤防の構造検討の手引き」などが整備された。平成12（2000）年に出された「河川堤防設計指針」では越水の評価・対策も示されていたが、平成14（2002）年版ではまだ対策の信頼度が十分でないという理由で削除された。そのため、国交省の国総研では平成15（2003）年より再び越水堤防実験を開始した。寒地土木研究所でも、十勝川の千代田新水路を用いて、平成20（2008）年より2次元越水破堤実験を開始した。当初洪水流に関する基礎的実験から行う予定であったが、筆者が十勝川千代田実験水路運営準備委員会で「インパクトのある越流実験から始めたほうがよい」と提案し、越流実験が最初に始まった。一方、河道計画でも支川合流や砂州などの洪水上昇要因を分離した粗度係数の見直し（無次元掃流力 $\tau *$ と水深粒径比から得られた流速係数 ψ より求める）がなされるなどの検討が行われ、平成14（2002）年に「河道計画検討の手引き」が発行された。

支川合流で水位上昇するのは川幅が合流後狭くなっているのが一因で、3割程度狭くなっている河川が多い[1]（下流への負担を少なくするためであると思われる）。また、熊野川支川相野谷川や仁淀川支川宇治川[2]などのように、河床勾配が緩い支川では合流点から洪水が逆流してくる危険性もある。相野谷川には集落を取り囲む輪中堤があったが、平成23（2011）年9月洪水時に、輪中堤内に流入した水により（設計時に想定していなかった）裏側からの水圧がかかって、輪中堤の壁が40mにわたって倒壊した。

バブル期以降、大規模な地下河川などの**プロジェクト**が進行し、首都圏外郭放水路（**図6.16**）などが建設された。海外の地下河川で洪水を立坑で落下させるとき、落下水をいかに効率よく回転させるか（落下水の流れをよくするエアコアを立坑中心に確保する）が課題であったのに対して、外郭放水路は立坑の直径が大きかった（$\phi 15 \sim 31.6$ m）[3]ため、落水時の床版への衝撃圧や騒音が課

---

[1] 末次忠司「河道・流域特性から見た水害被害ポテンシャルの予測と事前対応」河川, No.788, p.73, 2012年
[2] 相野谷川は合流地点で1/3 000、宇治川は合流点から700m区間はほぼレベルの河床勾配である
[3] 当初連続地中壁の内側に立坑を建設して、その間を土砂で埋め戻す予定であったが、コスト縮減のため、地中壁をそのまま立坑として利用することになり、直径が大きくなった

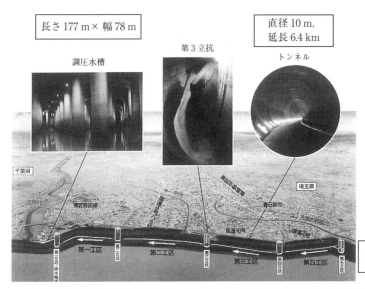

図6.16 首都圏外郭放水路（出典：国土交通省関東地方整備局資料に加筆）（口絵参照）

写真6.5 比丘尼橋下流調節池。中央上に見えている鋸（のこぎり）状の施設が越流水の流入口である（口絵参照）

題となった。なお，図6.16の調圧水槽は排水ポンプが停止した際に生じる水撃作用（圧力波による衝撃）の影響を緩和するための空間である。また，荒川水系などに比丘尼橋（びくにばし）下流調節池（写真6.5）などの10万 m^3 以上の大規模な洪水調節容量を有する地下調節池（表6.8）が多数建設されたのも，この時期以

‖6‖ 水害被害に対する対応

図 6.17　白子川調節池群の完成予想図（出典：東京都第四建設事務所工事第二課「パンフレット『白子川地下調節池事業』」2015 年）

降であった．現在練馬区の目白通り地下に，東京都により，白子川地下調節池（21.2 万 m³）が建設中である．将来的には比丘尼橋下流・上流調節池と連結され，白子川調節池群となる予定である（**図 6.17**）．

　最近 30 年間の出来事の最後であるが，平成 23（2011）年に発生した**東日本大震災**は地震・津波災害であり，河川からの氾濫被害とは形態が異なるが，そうした枠を越え，防災・減災研究者や国民に大きな衝撃を与えた．筆者も震災直後は仕事が十分手につかない状態であったが，こうした被災を繰り返さないために，どうすればよいかを思案したり，研究するとともに，災害が発生した 8 か月後には『水害に役立つ減災術』[1] を出版した．法律についても，東日本大震災を契機に，平成 24（2012）・25（2013）年に災害対策基本法が，平成 23（2011）・25（2013）・27（2015）年に水防法が改正された．

　最後に，河川・氾濫・水害に関する現象は昔から全てわかっていた訳ではない．**ここ 30 年以内に判明した主な現象・事柄**を示せば，以下のとおりである．あわせて，主要な該当河川も示した．

1）　末次忠司『水害に役立つ減災術－行政ができること 住民にできること－』技報堂出版，2011 年

112

表 6.8 主要な地下調節池の諸元（洪水調節容量順）

水系名 河川名	調節池名 設置場所	完成年 洪水調節容量	施設の概要
新河岸川 白子川	比丘尼橋下流調節池 東京都練馬区 （写真6.5）	平成14(2002)年 21.2万m³	荒川の2次支川 横越流した越流水が減勢工を通じて流入
目黒川 目黒川	荏原調節池 東京都品川区	平成13(2001)年 20万m³	地下4階層構造 横越流した越流水が減勢工を通じて流入
今井川 今井川	今井川地下調節池 横浜市	平成15(2003)年 17.8万m³	トンネル式　内径10.8 m×延長2 km 立坑を通じて洪水が流入
神田川 妙正寺川	上高田調節池 東京都中野区	平成9(1997)年 16万m³	荒川の2次支川 横越流した越流水が減勢工を通じて流入
新河岸川 黒目川	黒目橋調節池 東京都東久留米市	平成13(2001)年 15.94万m³	荒川の2次支川 横越流した越流水が減勢工を通じて流入 1期供用済，最終的には22.1万m³
鶴見川 鶴見川	恩廻公園調節池 川崎市	平成16(2004)年 約11万m³	トンネル式　内径(15.4～16.5) m× 延長約600 m，立坑を通じて洪水が流入
神田川 妙正寺川	妙正寺川第二調節池 東京都中野区	平成7(1995)年 10万m³	荒川の2次支川 横越流した越流水が減勢工を通じて流入
庄内川 新堀川	若宮大通調節池 名古屋市	昭和61(1986)年 10万m³	庄内川の2次支川 横越流した越流水が減勢工を通じて流入
荒川 神田川ほか	（神田川・環状七号線 地下調節池）* 東京都中野区，杉並区	平成19(2007)年 54万m³	地下河川の一部区間 地下約40 m，延長4.5 km，φ12.5 m， 神田川，善福寺川，妙正寺川から立坑を通じて洪水流入

* 神田川・環状七号線地下調節池は地下河川の一部であり，ほかの地下調節池と区別するため，
（　）書きとした．
出典：末次忠司『河川の減災マニュアル』技報堂出版，p.141，2009年に追記

【洪水・氾濫】

- 洪水位上昇速度は大河川では速くて4～5 m/hであるが，中小河川は10 m/h以上の場合もあるなど速く，洪水位上昇速度は流域面積に反比例する傾向がある（5.2節）‥‥呑川，古川など
- 堰などの下流にある護床ブロック（護床工）は部分的な流失であっても，その後の洪水流況に影響を及ぼし，ほかのブロックも流失させる危険性

‖6‖ 水害被害に対する対応

がある（7.1 節）‥‥多摩川
・破堤箇所近くでは，氾濫水は到達直後に一気に 50 ～ 70 cm 程度上昇し，その後 20 ～ 40 cm/10 分の速度で上昇する（5.4 節）[1]‥‥信濃川支川刈谷田川
・洪水時には狭窄部上流で水位が堰上がって，大きな水深となり，下流の流量が減少するとよく言われる。しかし，計画流量のような大洪水では狭窄部で大きな水面勾配となり，高流速となるので，通過流量はそれほど減少しない場合もある‥‥千曲川

【河床変動・土砂動態】
・上流より下流の土砂の粒径が小さいのは，摩耗や，風化・破砕などにより割れることの影響より，河床勾配や施設による分級作用の影響が大きい[2]‥‥鬼怒川

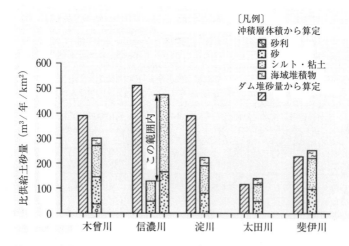

図 6.18　沖積平野における比供給土砂量（出典：山本晃一・藤田光一・赤堀安宏ほか「沖積河道縦断形の形成機構に関する研究」土木研究所資料，第 3164 号，1993 年）信濃川の場合，途中に多数の盆地があり，盆地での土砂堆積の仕方により，比供給土砂量が変わってくる

1) 川口広司・末次忠司・福留康智「2004 年 7 月新潟県刈谷田川洪水・破堤氾濫流に関する研究」水工学論文集，第 49 巻，2005 年
2) 山本晃一『沖積河川』技報堂出版，pp.191-199，2010 年

- 河川流域からの土砂流出量はダム堆砂データや沖積河川流域のボーリングデータより，平均的には $100 \sim 500 \, \text{m}^3/$ 年 $/\text{km}^2$ である（**図 6.18**）。これは流域の年間侵食量が $0.1 \sim 0.5 \, \text{mm}$ であることに相当する。また，土砂の成分はおおよそ砂利：砂：シルト＝（$0 \sim 10\%$）：（$35 \sim 40\%$）：（$50 \sim 65\%$）の割合である‥‥木曽川，信濃川，淀川など
- ダム貯水池に大量の土砂が流入すると，堆砂デルタが下流へ前進するだけでなく，上流への背砂も顕著となる。また，ダム貯水池に堆積した土砂を吸引工法（サイフォンの原理で流下する水と一緒に土砂を流す）により排出する場合，堆積土砂が固結化していると，吸引・排出することは難しい‥‥矢作川，天竜川
- 洪水流下能力を増大させるなどのため，摩擦速度が15％以上変化するほど河積を変化させると，河岸に土砂が堆積するなどして，数十年経つと元の地形（河積）に戻る場合がある（8章)[1]‥‥石狩川，肝属川など
- 大きく洗掘した河床を全部埋め戻すと，また洗掘することがある。洗掘深の7割程度を埋め戻すと洗掘しにくくなる‥‥吉野川

【樹林化】
- 樹林化の原因は河道掘削などにより，標高がやや高い場所に洪水がのらなくなって，洪水により樹林が流失しないことであり，樹木の成長要因はそうした場所に洪水が運んだ（粒子間に水分（および栄養塩類）を含んだ）中砂が植生基盤となるからである[2]‥‥多摩川，千曲川
- 砂州上の樹木による洪水流下能力への影響を予測したり，洪水流による樹木の倒伏を予測する場合，樹木にからまった枝や草の投影面積を考慮しないと，影響を過小評価することになる‥‥千曲川[3]，那珂川支川余笹川

---

1) 山本晃一ほか「自然的攪乱・人為的インパクトと河川生態系の関係に関する研究」河川環境管理財団，2002年
2) 李 参熙・山本晃一・望月達也ほか「扇状地礫床河道における安定植生域の形成機構に関する研究」土木研究所資料，第3266号，1999年
3) 服部 敦・瀬崎智之ほか「千曲川の総合研究」リバーフロント整備センター，2001年

【その他】

- 堤体への浸透水は洪水が表のり面から入るだけでなく、雨水が堤防の天端（てんば）や裏のり面などから入ってくるものも多い
- 流木が橋梁で閉塞する前に、橋脚に枝や草やゴミなどがからまり、河積が狭くなって水位変動する。この水位変動により、流木が橋桁や橋脚に押しつけられることが流木閉塞に影響している[1]

6.3 河川研究と観測・解析技術

(1) 河川研究の動向

研究テーマ・手法の変遷を河川技術論文集の論文分析を通じてみてみる。この論文集は土木学会河川部会の河川技術シンポジウムの論文をまとめたもので、産官学が集まるシンポジウムのため、世の中の研究動向を如実に反映しているものと言える。平成26(2014)年には治水論文が全体の2/3で、手法は調査・観測研究が半分を占めていた（**表6.9**）。これに対して平成13(2001)年には東海豪雨関係の論文が多数出されたにもかかわらず、治水論文は約半分であり、環境論文が4割以上であった（**表6.10**）。研究手法には大きな違いはみられなかったが、平成13(2001)年には実験的に行われた環境研究が多かった。表中で論文数が多い区分の数字を**太字**とした。なお、各論文は複数の研究分野や研究手法のものもあるため、発表論文数を上回っている。

現象や計画の検討手法としては、数値解析は高度な研究手法で、**水理模型実験**はレベルの低い検討手法であると考えられているが、そうではなく、両者は目的や対象により使い分けられるべきである。河川地形が複雑な場合や河道内に堰などの施設があると、複雑な3次元流況となり、実験でないと再現することが難しい。概して、数値解析は平均化された、なめらかな流況結果を示すことが多い。主要な河川水理模型実験を土木研究所資料でみてみると、以下のとおりである。年は実験年ではなく、資料の発行年である。

---

1) 末次忠司『図解雑学 河川の科学』ナツメ社、pp.88-89、2005年

6.3 河川研究と観測・解析技術

表 6.9 平成 26（2014）年の論文の研究分野と手法

	調査・観測	計算	実験	資料調査[*2]	計
治水	25	24	11	4	64（67 %）
環境	19	1	2	4	26（27 %）
全般[*1]	4	1	1	0	6（6 %）
計	48（50 %）	26（27 %）	14（15 %）	8（8 %）	96

[*1]「全般」には治水・環境両方を包含する研究と，治水・環境以外の研究が含まれる
[*2] 資料調査とは河川水辺の国勢調査結果や統計データを用いた研究，総説論文を意味している

表 6.10 平成 13（2001）年の論文の研究分野と手法

	調査・観測	計算	実験	資料調査	計
治水	22	16	8	2	48（52 %）
環境	22	3	10	5	40（43 %）
全般	3	1	0	1	5（5 %）
計	47（51 %）	20（22 %）	18（19 %）	8（9 %）	93

出典：末次忠司「平成四半世紀の河川事業」季刊 河川レビュー，新公論社，No.165 秋季号，p.27，2015 年

昭和 48（1973）年　荒川分流模型実験報告書
昭和 49（1974）年　淀川河道計画模型実験報告書（その 2）
昭和 50（1975）年　江戸川分流模型実験報告書
昭和 57（1982）年　鶴見川多目的遊水池水理模型実験
昭和 58（1983）年　斐伊川放水路模型実験報告書　資料編，解説編
昭和 61（1986）年　荒川第一調節池水理模型実験報告書
平成 2（1990）年　信濃川大河津分水路水理模型実験報告書
平成 6（1994）年　首都圏外郭放水路の流入立坑に関する水理模型実験
平成 10（1998）年　首都圏外郭放水路第 5 立坑流入施設の水理模型実験報告書（**写真 6.6**）
平成 12（2000）年　トンネル河川水理模型実験

斐伊川の実験では河床材料が細かくなるため，比重が小さい石炭粉（0.5 程度）を用いて，無次元掃流力と沈降速度／摩擦速度が相似になるよう，実験を行った。また，江戸川や首都圏外郭放水路の実験では，実験用地の制約から，縦横の縮尺がひずんだひずみ模型を用いて実験が行われた。実験に用いられる水路

‖6‖ 水害被害に対する対応

写真 6.6 首都圏外郭放水路第 5 立坑水理模型実験（出典：末次忠司・大谷悟・小林裕明ほか「首都圏外郭放水路第 5 立坑流入施設の水理模型実験報告書」土木研究所資料，第 3540 号，1998 年

は個別の河川に対応させてモルタルなどで製作されるものも多いが，さまざまな条件に使える水路もある。日本一の長さを誇るのは筑波大の鋼製大型水路で，長さが 160 m，幅が 4 m もあり，交互砂州の形成実験などに用いられた。国交省の国総研には長さ 30 m，幅 1 m の流送土砂循環装置付可変勾配水路があり，長時間にわたって安定的に掃流砂・浮遊砂の供給・流下を行うことができ，理想的な河川地形形成実験に使うことができる[1]。また，京都大学防災研究所には京都市中京区の御池地下空間を想定した地下空間浸水実験装置（地下 3 階）があり，浸水が地下空間に広がる様子を再現することができる。

---

1) 末次忠司『河川の減災マニュアル』技報堂出版，pp.53-54，2009 年

| コ・ラ・ム | **水理模型実験で経験する** | 筆者は猪名川分流，氾濫，日光川放水路，トンネル河川，首都圏外郭放水路，地下への浸水流入，斐伊川放水路，庄内川，越水堤防，多摩川，大河津分水路，刈谷田川，福島荒川，流木閉塞などの実験に携わってきた。実験では要求された条件で実験を行った後，自分勝手に木の板を流れに入れて，洗掘への影響をみたりすることなどが興味深く，この経験がその後の河道・施設計画の策定や施設設計などに役立った

(2) 河川・気象に関する観測・解析技術

河川や気象に関する**観測技術**としては戦後より気象，洪水，流砂などに関する技術が開発された。技術の詳細は『川の技術のフロント』[1]『センシング情報社会基盤』[2] などに記載されている。開発時期はおおよその時期で示している。

また，戦後の電子計算機の発達・普及に伴って，河川や気象に関する各種**解析・予報技術**が開発され，降雨・台風予測や河道計画の策定などに活用されてきた。時期はおおよその開始時期で示している。新しい氾濫解析手法(平成27年)では，氾濫流の流下域であるメッシュ内空隙率 γ_V ($= 1 -$ 建物占有率) により，建物内へ浸水が流入する透過率 $= 1 - (1 - \gamma_V)^{1/2}$ を定義している。また，河岸侵食による家屋の流失・倒壊を，河床勾配に対する係数 a ($= 5 \sim 35$) を用いて，河岸侵食幅 $= a \times$ 河岸高より判定している。氾濫流，河岸侵食とも，流失・倒壊の閾値には不明な点があるため，限界式には安全側の(値の小さい) v, h を用いることとなっている。

---

1) 河川環境管理財団編『川の技術のフロント』技報堂出版，2007年
2) 土木学会編『構造工学シリーズ24 センシング情報社会基盤』丸善，2015年

‖6‖ 水害被害に対する対応

開発時期	観測技術名	観測技術の概要
昭和52 (1977)年～	気象衛星ひまわり	現在はひまわり8号で，高度36 000kmにおいて可視光線(カラー画像)や赤外線により，地球の静止画像などを取得し，防災(台風，豪雨)，安全な交通(航空機，船舶)，地球環境監視(温暖化，黄砂)に貢献している。ひまわり8号のデータ量は7号の50倍と多い
昭和54 (1979)年～	アメダス(地域気象観測システム)	ISDN回線(デジタル通信回線)を用いて，全国約1 300か所の雨量，気温，風速・風向などのデータを気象庁本庁に10分ごとに収集して，品質チェック後に全国に配信する地域気象観測システム。集中豪雨や雷などの局地現象の把握は難しい
平成9 (1997)年～	砂面計など	国交省の国土技術研究会などで，洪水時の河床高観測に用いられた。減水期の河床高も計測できる砂面計(光電式と超音波式)と洗掘センサーがある。洗掘センサーではセンサーが内蔵された樹脂ブロックは，洪水時の河床低下により流出するので，洪水後再度設置する必要がある
平成10 (1998)年～	ADCP(超音波ドップラー流速計)	水中を浮遊する物質に対するドップラー効果による音波の周波数変化により，流水の流速分布や河床高を観測できるほか，音波の反射強度から土砂濃度を推定できる。装置を船に乗せて計測するため，流速が3.5 m/sより速い洪水では計測が難しい
	レーザー・プロファイラー	飛行機やヘリコプターからの1～3万回/sでスキャン幅80 m～2 kmのレーザーパルスの反射を利用した地形測量手法で，高度で±15 cm程度の精度で測量できる。地面の標高を得るには，建物や樹木の高さを除くためにフィルタリングする必要がある。データは氾濫解析などの地盤高データ収集に活用された。地上型(可搬型)もある。水面下は測量できない
平成12 (2000)年～	流砂量観測	従来より土砂の採取器はあったが，土木研究所の流砂観測施設(那珂川支川滝沢川)は河床面下のバケットにより，掃流砂量を安定的に観測できる世界で唯一の装置であった。また，1 mm以下の土砂をポンプ採取できる自動採水装置がこのころより普及した
平成19 (2007)年～	3次元サイドスキャンソナー(**写真6.7**)	トランスデューサで音波ビームを送受波し，エコーの位相差から水深を求めることができる。従来のナロー・マルチ・ビーム(120度)に対して，このソナーはスワス角を170度とれるため，広い範囲を一度に(短時間で)精度よく測量できる。河川・海岸・ダム測量に有効な計測装置である
平成21 (2009)年～	Xバンドレーダー(**写真6.8**)	局地的集中豪雨に対応するため，従来のCバンドレーダー(解像度1 km四方：波長5～6 cm)に代わる高精度のXバンドレーダー(250～500 m四方：波長3 cm)の配備が国交省や大学により進められている。MPレーダーでは水平偏波と垂直偏波により，雨滴の粒径を観測できる

6.3 河川研究と観測・解析技術

写真 6.7 3次元サイドスキャンソナー (C3D)（出典：アーク・ジオ・サポートのパンフレット）動揺センサーは波・うねりによるボートの揺れ（横揺れ，縦揺れ，上下揺れ）を検知して，水深を補正できるセンサーである

写真 6.8 山梨大学・X バンド MP レーダー
平成 21 (2009) 年 4 月より運用が開始され，降雨粒子の粒径分布を観測することができる。観測された雨量はインターネットで配信されている（口絵参照）

開発時期	解析・予報技術名	解析・予報技術の概要
昭和 32 (1957) 年～	流砂量公式	土木研究所において，掃流砂量を算定できる，いわゆる土研式（佐藤・吉川・芦田の式）などが導かれ，河床変動計算や河道計画に適用された。その後，現在よく使われている芦田・道上の式(昭和 47 年)が提案された
昭和 34 (1959) 年～	気象の数値予報	初めて科学計算用の大型コンピューターを用いて数値予報が行われた。これは伊勢湾台風(昭和 34 年)のような水害を起こさないために，気象予報の精度を上げるのがきっかけであった。現在世界中の気圧・気温・風のデータを用いて，数値予報が行われている

‖6‖ 水害被害に対する対応

開発時期	解析・予報技術名	解析・予報技術の概要
昭和39(1964)年～	確率による計画高水流量の算定	昭和20年代より水文量の確率統計処理が始まり，昭和39(1964)年に石狩川流域で超過確率降雨(100年確率，3日雨量)に基づいて，基本高水流量，計画高水流量が算定された
昭和55(1980)年～	氾濫シミュレーション	京都大学(2次元不定流モデル)や土木研究所(ポンドモデル)によりモデル開発が進められ，洪水ハザードマップなどの実務に応用されるようになった。平成10(1998)年ごろより，計算能力向上に伴い，パソコンによるシミュレーションが可能となった
平成5(1993)年～	分布型水循環モデル	東京大学の虫明(むしあけ)教授により開発された3つのサブモデルを持つ分布型モデルにより，千葉県の海老川流域を対象に，流域の水循環のほか，雨水貯留・浸透施設の機能を評価することができるようになった
平成8(1996)年～	台風進路予報の精度向上	全球モデルを用いた数値予報により，特に48, 72時間先の進路予報の誤差が小さくなった。予報精度の向上に伴って，平成21(2009)年以降は5日先までの予報円も示されるようになった[*1]
平成13(2001)年～	メソ数値予報モデルによる降水予測	領域モデル(20km)に対して，5kmメッシュ・鉛直50層で解析され，最大33時間先まで予測できるようになった。降水短時間予報では1kmメッシュで解析し，6時間先まで予測できる
平成14(2002)年～	新たなHWLの設定	従来計画高水位(HWL)は洪水痕跡にあうよう逆算した粗度係数を用いて算定されたが，このころより支川合流や砂州などの洪水位上昇要因を分離し，無次元掃流力τ_*と水深粒径比による流速係数ψを用いて粗度係数を求めるようになった
平成16(2004)年～	降水ナウキャスト	特に平成26(2014)年より，気象庁による高解像度降水ナウキャストが始まった。これは全国20か所の気象ドップラーレーダー・国交省Xバンドレーダ，雨量計・高層気象観測データなどを用いて，降水域を立体的に解析し，250m四方の降雨・雷予想情報を5分間隔で発信するものである
平成17(2005)年～	川の防災情報	国土交通省が雨量(レーダー，アメダス)，気象警報・注意報，水位，ダム放流，洪水予報，水防警報などの情報をインターネットで配信。観測所数は雨量約1万，水位約7千で，雨量・水位は10分ごとに更新される
平成25(2013)年～	防災アプリ	水害，避難所の位置などの情報をスマホで得られる防災アプリが多数出ている。NTTレゾナントが開発した「goo防災アプリ」では，気象庁の警報などや台風情報を受信できるし，ファーストメディアの「全国避難所ガイド」では近くの避難所までの経路を示してくれるほか，安否登録できる
平成27(2015)年～	新しい氾濫解析手法	氾濫解析のメッシュ幅25mを基本としたほか，透過率により建物内への浸水流入を考慮した。また，氾濫流による家屋の倒壊・滑動に伴う流失・倒壊範囲($v^2h > (10～36)$ m^3/s^2)を洪水浸水想定区域図[*2]に示すこととした

[*1] 末次忠司『河川技術ハンドブック』鹿島出版会，pp.89-91, 2010年
[*2] 水防法改正(平成27年)による，内水・高潮の浸水想定区域制度の創設に伴い，名称が浸水想定区域から，<u>洪水浸水想定区域</u>へと変更された

7

水害被害傾向・原因からみた減災対策

7.1 水害被害特性

　2章で述べたように，長期的には水害被害は減少傾向にはあるが，ある周期を持って大水害は発生している．したがって，ある期間水害被害が少なくなったからといって，対策をこまねくことはできない．また，局地的集中豪雨に伴う水害のように，形態を変えた都市水害の発生にも留意する必要がある．

　集中豪雨の場合，排水能力の低い河川・水路・下水道からの氾濫が顕著となる．都市河川では豪雨後あまり時間を経ずに先鋭なハイドロの洪水が発生するので，越水災害になりやすい．豪雨から洪水発生までの時間が短いので，水防・避難活動などの初動態勢をとることができずに，被災を引き起こすことがある．

　水害被害の特性について追加すると，メディアは都市水害をクローズアップする傾向が強いが，農村部の水害も少ない訳ではない．平成以降でも，平成5 (1993) 年水害（鹿児島），平成10 (1998) 年8月末水害（福島，栃木），平成17 (2005) 年水害（宮崎），平成23 (2011) 年紀伊半島水害（和歌山），平成24 (2012) 年水害（熊本，大分）などは農村部を中心とした水害であった．農村水害では土砂崩れに伴う堰止め湖の形成（河道閉塞）や流木災害が被害を助長する場合がある．紀伊半島水害では熊野川流域で深層崩壊などの斜面崩壊が発生し，崩落による河道閉塞が17か所で発生した．崩壊土量は紀伊半島全体で約1億 m^3 で，最大は栗平地区の1 390万 m^3，赤谷地区は900万 m^3（**写真7.1**）であった．また構造令[1]の基準上，山地部の中小河川の橋梁径間長は短くなることが多いので，流木で閉塞しやすい．このように土砂や流木は水害被害を助長する場合がある．

---

1) 国土技術研究センター編『改定　解説・河川管理施設等構造令』技報堂出版，2000年

‖7‖ 水害被害傾向・原因からみた減災対策

写真 7.1　熊野川・奈良県五條市大塔町赤谷地区における河道閉塞（平成 23 年 9 月）（出典：奈良県資料）

　水害被害の発生原因をみると，中小河川の洪水流下能力が低い区間における越水に伴う破堤が多いが，いくつかの水害事例でみれば，発生に影響している要因は

新川の破堤	平成12（2000）年9月	天端舗装なし，高水位，浸透によるのり崩れ
刈谷田川の破堤	平成16（2004）年7月	天端舗装なし，不陸からの越水，急勾配の裏のり
五十嵐川の破堤	平成16（2004）年7月	不陸からの越水，乏しい裏のり植生
足羽川の破堤	平成16（2004）年7月	天端舗装なし，不陸からの越水

などとなっており，天端舗装がない，また不陸からの越水が要因としては多い[1]。ここで，不陸とは他区間に比べて，相対的に堤防高が低い区間のことで，越流水のせん断力が越水深にほぼ比例して大きくなるために，越水破堤しやすくなる。例えば，不陸が 30 cm の場合，不陸のない区間の越水深が 30 cm であれば，不陸区間の越水深は 60 cm となり，越流水のせん断力は不陸のない区間の約 2 倍となる。

　破堤原因の究明では**落堀深と目撃証言**に注意する。東海豪雨の新川破堤（**写**

---

1)　末次忠司「河川堤防の耐越水性向上」水利科学，No.317，pp.43-50，2011 年

7.1 水害被害特性

写真 7.2 東海豪雨による新川の破堤・氾濫（平成 12 年 9 月：名古屋市西区）（出典：国土交通省資料）浸透・越水により破堤し、堤内地に深い落堀が形成された。破堤氾濫に伴い、名古屋市内は広範囲が浸水した（口絵参照）

真 7.2）では当初浸透破堤とされていたが、落堀深が 6 m [1] と深く、浸透のり崩れで堤防が下がった段階で越水したことが原因であることがわかった。また、いくつかの災害事例で「堤防のり尻から水が噴いていた」という住民からの目撃証言があったが、調べても浸透水が川裏ののり尻から噴き出す状況ではなかった。調査してわかったのは、越水してものり面の草が倒れて、その上を越流水がスムーズに流下すると、離れた場所からではのり面上の越流水が見えず、のり尻で越流水が跳ね上がる現象だけが見え、水が噴き出しているように見えたものと思われた。

　施設に伴う被害特性をみると、例えば放水路では計画段階で洪水流量の分流比に注目しがちであるが、施設建設に伴い、土砂の分流の影響により、河床変動が生じることがある。その結果、越水や侵食に影響がおよぶ場合があるので、注意する必要がある。何らかの原因で、堤防や河岸沿いの河床が低下して、侵

---

[1] 落堀深は概ね堤防高程度で、揖斐川で 5 m（昭和 34 年 9 月）、小貝川で 5 m（昭和 61 年 8 月）、足羽川で 4.5 m（平成 16 年 7 月）などであった（末次忠司・菊森佳幹・福留康智「実効的な減災対策に関する研究報告書」河川研究室資料、p.13、2006 年）

| コ・ラ・ム | 破堤原因の見極め方[*] |　さまざまな破堤原因があるが，よく問題となるのが，原因が越水か浸透かである。上述した落堀深以外に，越水の根拠を得るには堤防高の高い区間や山付き部の洪水痕跡，破堤箇所付近の堤防高が上下流に比べて低くなっていないかを調べる必要がある。破堤区間でわからなくても，その上下流の侵食・植生倒伏状況を調べれば，越水に結びつく根拠が得られる場合がある

[*]末次忠司・菊森佳幹・福留康智「実効的な減災対策に関する研究報告書」河川研究室資料，pp.11-18，2006年

食被害を助長することも注視しておくべきである。中小河川では基礎工を入れる際の床掘り（河床掘削）によって，洪水による河床洗掘が助長される場合があるので，床掘りの範囲を必要最小限にする必要がある。また，堰・床止めの上下流には護床工を設置するが，特に下流は落水や跳水が発生するなど，護床ブロックは洪水により流失しやすい。流失したブロックが一部であっても，その後の洪水流況に影響を及ぼし，大量のブロックが流失する危険性があるので注意する。

　一方，水害被害額をみると，平成9（1997）年以降都市的な被害指標である**水害被害密度**が増大している。平成8（1996）年以前が10～20億円／km^{2}で

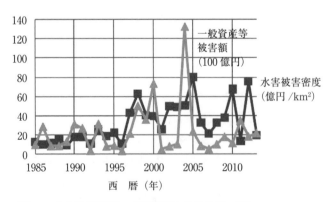

図7.1　水害被害密度と一般資産等水害被害額の割合
　　　　平成12（2000）年，16（2004）年は破堤被害額も多かった

推移していたのに対して，平成9（1997）年以降は30〜70億円／km²とおよそ3〜4倍になっている（**図7.1**）。これは従来堤防や道路などの公共土木施設の被害額が多かったのに対して，平成10（1998）年以降は12年中8年で一般資産等水害被害額＞公共土木施設被害額の傾向となっている。これは平成10（1998）年の水害統計より，一般資産の被害率および評価単価が改定されたほか，間接被害に応急対策費用が追加されたことも影響していると考えられる[1]が，治水施設の整備により，公共土木施設被害額が減少したことと，水害に対してまだ脆弱(ぜいじゃく)な都市構造があるために，（変動はあるが）一般資産等被害額の大きな年が発生したことが主な原因である。この被害額トレンドと浸水面積の減少（集中的な被災）があいまって，水害被害密度の増大を招いたと言える。

7.2 今後の減災のあり方

　これらの水害被害特性と，2〜4章で述べた水害被害の傾向をあわせて考えると，今後の減災を進めていくには，ハード面からの減災対策（1，2，3，4，5，8）とソフト面からの減災対策（5，6，7，8，9，10）をあわせて推進していく必要がある。特に大水害時の体制づくりと，状況に応じた臨機応変な対応が必要となってくる。

(1) 堤防高管理をしっかり行う ⇒ 堤防高が高い堤防は土の自重により沈下するし，軟弱地盤上に築造された堤防は圧密沈下する。これに対しては余盛が行われているが，一定期間ごとにRTK-GPSなどによる堤防高の計測を行い，堤防高管理をする必要がある。堤防高の計測により，堤防の沈下がないかどうかの確認を行うとともに，洪水流下能力を確保できるように堤防高を嵩上げする。堤防の嵩上げが難しくても，部分的に低い区間（不陸）はなくすようにする。それでも不陸が残ってしまう場合は，水防活動時に優先的に積み土のう工などの越水防止工を行う

(2) 支川合流に留意する ⇒ 支川が合流する合流点では流れがぶつかって乱れ

---

[1] 末次忠司「治水経済史－水害統計及び治水経済調査手法の変遷－」土木史研究，第18号，pp.603-618，1998年

やすい．加えて，合流後に川幅が狭くなる河川が多い（3割程度狭いケースが多い）ため，洪水位が上昇し，越水する可能性が高くなるので，可能であれば合流後の川幅を合流前並みとする（6.2節）．逆流する危険性のある緩勾配の支川では逆流防止ゲートを設置する，または合流点を下流に付け替える合流点処理を行う

(3) 越水しても破堤しにくい堤防をつくる ⇒ 越水破堤を防ぐためには，遮水シートおよびのり尻工などからなる耐越水堤防を採用したり，天端を舗装するという方法がある（6.1(2)項）．また，あまり予算をかけずに，築堤時に堤体を十分締め固めたり，裏のり尻の道路を舗装[1]したり，裏のり植生をしっかり管理することも，越流水に対して一定の耐越水性の効果がある

(4) 土砂・流木災害への対応 ⇒ 豪雨に伴い，山崩れが生じると，土砂とともに流木が河道へ流入する．河床に堆積した土砂は河床を上昇させ，橋脚で閉塞した流木は越水を発生させることがある．河道への流入土砂を見込んだ白川（熊本）のような治水計画は難しいが，河川沿いに土地の余裕がある上流域では河道の所々の断面を大きくとっておく．また，流木対策としては，コンクリートパイルを用いた流木捕捉工もあるが，流木が捕捉されにくい橋梁形状（上流側の主桁や補剛桁(ほごう)の断面を斜め構造とする）について検討する．上流域における土砂崩れに対して，結果的にダム貯水池は土砂・流木に対して有効な捕捉空間となる[2]

(5) 水害に強い都市づくり ⇒ 減災と都市計画の観点から，河川に近い地域には重厚な工場などを立地させ，家屋が密集している地域は盛土道路などで輪中堤のように取り囲むと，浸水による家屋被害を軽減できる．また，低平地では豪雨時に湛水をポンプで河道へ排水することが，洪水位を上昇させ，水害を発生させる原因の一つとなる．そこで，愛知県などで実施されている「ポンプ運転調整」[3]を行う（6.1(3)項）．これは河道の洪水位が一定値を超えると，所定のポンプ排水を停止する危機回避策である

---

[1] 鷲見哲也・岸本雅彦・辻本哲郎「越流による破堤進行に及ぼす堤内地条件の影響」河川技術論文集，第10巻，pp.215-220，2004年
[2] 末次忠司・岩本裕之・田原英一・野村隆晴「ダム貯水池の大規模土砂流入対策」ダム技術，No.280，pp.31-39，2010年
[3] 末次忠司『水害に役立つ減災術－行政ができること 住民にできること－』技報堂出版，pp.47-48，2011年

(6) 避難などの情報伝達 ⇒ 人的被害は近年それほど多くないが,平成16 (2004) 年に240人が犠牲になったことや特徴的な水害の状況を考えると,適切な避難を行うためにも気象・洪水・浸水情報などを迅速かつ的確に伝達する必要があるし,小河川に関する階層的な情報伝達も必要である。例えば,多くの河川に関する情報を提供することは難しいが,津波と同じように「念のために○○川の洪水にも注意して下さい」とか「○○川はもう少しで堤防から洪水があふれそうです」といった小河川に関する情報を提供するようにする。また,行政機関による情報伝達には限界があり,口コミの効果を考えると,防災行政無線などによる町内会長らの情報を周辺住民へ伝達する仕組みについても検討しておく

(7) 氾濫情報と伝達手法 ⇒ 任意に近い破堤箇所および洪水規模に対応して氾濫現象を時間ごとに示すことができる「氾濫シミュレータ」のような,実際に近い氾濫予測情報を市町村・住民に伝えることも重要である。予測情報でなくても,最低限どこで越水または破堤したかを示してあげる必要がある。このようなリアルタイム情報の伝達により,実効的な避難などの減災活動が可能となり,被災を軽減することができる。情報収集手段としては,6.1 (4) 項に示した防災アプリやインターネット「川の防災情報」(国土交通省) も有効である

(8) 臨機応変な対応 ⇒ 想定外の状況(計画規模以上の豪雨など)が起きる場合もあり,事前に検討しておいた準備だけでは対応できない場合もあるため,臨機応変な管理型対応が必要となる。例えばダムからの放流ではただし書き操作 (操作規則の例外規定) などが規定されているが,場合によってはこれとは異なる緊急放流が要求される場合があるし,洪水調節を目的としていないダムで,洪水調節しなければならない場合もある (6.1 (3) 項)。すなわち,マニュアルだけに頼るのではなく,そのときの状況に応じた,臨機応変で適切な対応をとれるよう,常日ごろから訓練しておくことが重要である。また,氾濫被害が発生したときに備えて,昭和61 (1986) 年8月の小貝川水害のように緊急排水路 (幅2m,深さ1m) を建設して氾濫水を誘導する方法や堤防開削 (6.1 (2) 項) などについて検討しておく必要がある

(9) 危機的な状況への対応 ⇒ 大きな水害になるほど,庁舎や職員が被災するなど,対応する行政機関の体制が不十分となる可能性が高いので,事前に危機的な状況に対する危機回避策について検討しておく。例えば,水害により庁舎

が使用できなくなった場合の代替庁舎，参集職員数が十分でない場合の OB 職員の活用，停電の場合の自家発電[1]などについて検討しておく．また，そうした状況に的確に対応できる技術の習得や実践的な防災訓練を実施しておくことが重要である．行政機関職員も住民も，洪水または氾濫時に 5.5 節に示したバイアスを持った心理状態となることを前提とした対応を考えておくべきである

(10) 保険による対応[2] ⇒ 水害に対応した保険として，住宅総合保険などがあるが，水災を補償内容に含んだ保険への加入率はまだ高くない．そこで，今後はフランス型保険のように，既存の火災保険や自動車保険に一律保険料を上乗せして，水害被害に対して保険金の支払いを行うようにするか，保険会社が洪水関連保険の販売を積極的に行えるよう，地震保険と同様の再保険制度[3]などの整備を進める，または異常危険準備金[4]に対する政府支援を行うようにする必要がある

|コ・ラ・ム| 氾濫原管理の難しさ| カスリーン台風では利根川が埼玉県東村で破堤し，氾濫流は昔の利根川である古利根川沿いを約 800 m/h で流下し，破堤 4 日後に東京に達した（図 5.12）．東京が浸水する前に，内務省国土局長と東京都知事の間で，江戸川堤防を開削して氾濫水を排除するという話が出たが，千葉県土木部長が反対した．その後国土局長が千葉県知事を説得して開削を決定する*など，氾濫原管理は広範囲におよぶ利害関係が絡んで，複雑な様相を呈する場合がある

*建設省関東地方建設局「利根川の 22 年災害を顧りみて（懇談会報告書）」建設省関東地方建設局利根川上流工事事務所，1958 年

---

1) 15％の市町村に，非常用電源が設置されていなかった（消防庁調べ：平成 27 年 10 月）
2) 末次忠司『河川の減災マニュアル』技報堂出版，p.275，2009 年
3) 損害保険会社が保険料の一部を政府に納め，政府が災害準備金として積み立て，災害が発生すると，政府から損害保険会社を通じて契約者に補償される制度
4) 損害保険会社は保険料収入の一定割合を責任準備金として積み立てることが義務づけられている

7.3　個人の危機回避策[1]

　これまでの水害や対策を教訓にして，行政機関ではなく，個人で考える危機回避のための減災術について記載する。洪水時や氾濫時には行政機関の対応に限界があり，各個人が判断して対応しなければならない場面があるからである。減災術としては，避難，家・車からの脱出，溺れた人の救出，建物の浸水防止，地下施設での対応などがある。基本的にはこれまでたいした災害にならなかったから，今回も大丈夫だろうという考え方はしない。これは心理学で言う「正常化の偏見」(5.5節)で，過去の現象と今回の現象が同じであるとはかぎらないという発想が必要である。

【避難の基準】
　避難するかどうかは氾濫の種類と浸水深で決定する。近くの河川（小河川を除く）が外水氾濫すると，大きな浸水深になるかもしれないので，安全な指定避難所へ避難する。ただし，既に浸水深が50cmを超えている場合，避難は危険なので2階に避難するか，近くの親戚・知人宅へ避難する。避難するときは複数の人がロープで連絡して，探り棒で足元を確認しながら避難する。避難するとき，長靴ではなく，スニーカーをはくのがよい

【高齢者らの避難】
　高齢者らをおぶって避難するのをよくみるが，浸水中では転倒しやすい[2]ので危険な行為である。高齢者らははしごに乗せて避難させる。乳幼児はベビーバスに入れて避難させる。高齢者らがいて，どうしても車で避難しなければならない場合は，かなり早い段階で避難を開始する必要がある。そうしないと，途中で渋滞に巻き込まれて被災する危険性がある

【家からの脱出】
　水位が床上50cm以上になって，脱出しなければならない場合，玄関からで

---

[1]　末次忠司『これからの都市水害対応ハンドブック』山海堂，2007年
[2]　水流の流体力と浮力により，足の動きが不安定となり，足をタイミングよく思った場所に着地できずに転倒する

7 水害被害傾向・原因からみた減災対策

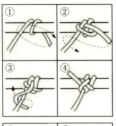

二回り二結び
ロープの端や途中を物につなぎ止めるのに用いる

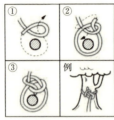

もやい結び
人や木などに結ぶとき用いる。ロープの太さに関係なく結びやすく，かつ，ときやすい結び方である

図 7.2　二回り二結びともやい結び（出典：末次忠司『これからの都市水害対応ハンドブック』山海堂，p.32, 2007 年）

はなく，窓から行う。水位がもっと高くなったら，屋根を壊して屋根上へ脱出する。2 階以上から脱出するにはロープが必要となる。ロープがない場合は，カーテンやシーツを結んで脱出用ロープをつくる。ロープを棒につなぐときは二回り二結び，人や木に結びつけるときはもやい結び，太さが違うロープをつなげるときは二重つなぎ（一重つなぎにもう一度つなぐ）とする（**図 7.2**）。

【乗車中の浸水】

　乗車中にアンダーパスなどで被災するケースが多くみられる。豪雨時には前方が雨で見えにくくなり，アンダーパスなどの浸水に突入してしまうのである。浸水中ではドアや窓を開けて脱出するが，水圧でドアが開かなかったり[1]，電気系統の故障でパワーウインドウが開かない場合は，座席についているヘッドレストを用いる。ヘッドレストの金属部分を窓ガラスとドアのすき間に勢いよく入れると，窓ガラスを割ることができる。金属部分を直接窓ガラスにあてても割れない

---

1) 80 cm 程度の浸水深でドアを開けられなくなる

【川で流されたら】

川で流されても，力づくで泳いで岸にたどり着こうとするのではなく，体を浮かせて岸に着くのを待つほうがよい。カバンや袋も浮くのに役立つし，短時間であればビニール袋でもよい。泳ぎが得意な人ほど泳ぎ疲れて最後は流されてしまう。ただし，橋や岩のまわりのように流れが渦まいている箇所は浮きにくい（流れに飲み込まれてしまい，浮くのが難しい）ので，要注意である

【溺れた人の助け方】

泳いでいって助ける場合，水難者の腕，肩，服などを背後からつかみ[1]，上向きにして助ける。陸地から助ける場合，腹ばいになって，手を伸ばして水難者の手首をつかんで引き寄せる。陸地から離れている場合，数人が手首を握ってヒューマンチェーンをつくる。先頭の人が水難者に届いたら，合図をして引く

【救出した人の処置】

救出した人は大出血→意識→脈→傷の順番で処置する。例えば，救出した人が大出血している場合，①呼び掛けにより，意識を確認する，②口の中の泥や藻を除き，空気の通り道（気道）を確保する，③呼吸がなければ人工呼吸，呼吸があれば昏睡体位[2]とする，④脈が弱いと，人工呼吸と心臓マッサージ[3]を行う

【建物への浸水流入防止】

建物の周囲がブロックなどで囲まれている場合は，入口に土のうを3，4段並べて，土のう周囲をブルーシートでスカート状に覆うと，防水性が高まり，敷地への浸水の流入を防止できる（図7.3 上）。建物内へ浸水が流入するのを防止するには，玄関や窓やドアのすき間にタオルなどを詰める（図7.3 下）。また，浸水の水圧で窓が割れないようにするには，ガムテープを×状に窓全面に貼るとよい。

---

1) 前からつかむと，水難者にしがみつかれて，救助者の体が動きにくくなり，危険である
2) 腕を斜め下にし，体が腕にかぶさるようにする。一方の手を顔の下に置き，あごを軽く前に出す
3) 成人に対しては重ねた手のひらで，心臓を80～100回／分の回数で，3.5～5 cm押し下げる，小児の場合は片手で，80～100回／分の回数で，2.5～3.5 cm押し下げる

‖7‖ 水害被害傾向・原因からみた減災対策

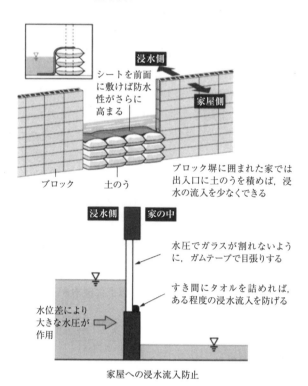

図 7.3　建物への浸水流入防止策（出典：末次忠司『これからの都市水害対応ハンドブック』山海堂，p.29，2007 年）

写真 7.3　福岡市営地下鉄駅への浸水流入（平成 11 年 6 月）（提供：建設省九州地方建設局）地下へ流入する浸水は高流速となるので，手すりにつかまって慎重に上る必要がある（口絵参照）

【建物内への水の逆流】

浸水時は建物外の水深と建物内の水深に水位差が生じるため，大きな水圧になると，トイレや台所や風呂で汚水の逆流現象が生じる（下水道自体による逆流もある）。例えば，トイレでは汚水が逆流しないよう，排水口にバスタオルを入れ，これをブロックなどの重しで抑えるようにする

【地下施設での対応】

地下鉄の車両が停止したとき，安易に線路に降りてはならない。線路脇に600ボルトの高圧電流が通っている路線があり，感電死する危険がある。また，地下鉄のホームや地下街では水の流れに逆らわない方向に進み，最寄りの階段から地上へ避難する。階段を通じて地上へ脱出する場合，浸水が階段を通じて波打ちながら高速で流下してくるので，手すりにつかまって転倒しないようにゆっくり移動する（**写真 7.3**）

‖8‖
おわりに（10～20年後の水害と減災）

　以上では，現時点において考えられる減災について考察を行った。本章では今後10～20年後の水害と減災について考察してみる。水害に関係する要因は気象要因だけでなく，高齢化などの社会要因や河川管理の要因などがあり（**図8.1**），これらの要因は今後変化していく可能性がある。これらの要因間の関係も考えながら，今後の減災について考察すると以下のとおりである。なお，図中の番号は以下の文章の番号と対応している。

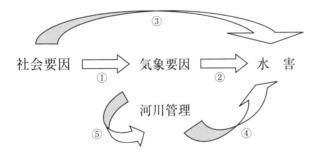

図8.1　水害に関係する要因とその関係

① 社会要因 ⇒ 気象要因

　地球温暖化や都市化に伴う都市排熱（土地被覆[1]，自動車，工場，エアコン）や高層ビルなどにより上昇気流が活発になり，豪雨が発生しやすくなっている。豪雨の発生地点数を5年移動平均でみると，平成6（1994）年以降平成18（2006）年までは継続して増加傾向にあり，今後も増加傾向が続く可能性がある。また，都市化に伴う土地被覆は，雨水の河川への流出を速くするので，雨水ピーク～洪水ピークの時間が短くなり，都市河川における水防・避難活動を困難にして

---

[1]　土の地面がコンクリートやアスファルトで覆われ，地表面温度が高くなることで，30年前と比べて，全国で道路面積，建物面積がそれぞれ1.5倍となっている（国土交通省調べ）

8 おわりに（10〜20年後の水害と減災）

いる。そうなると，水害も多くなることが予想されるので，迅速な大雨・洪水警報発令や，各種情報提供により今後増加することが予想される洪水被害に対する危険の周知を図る必要がある。情報提供は大河川はもとより，発生時間が大河川より速い小河川に関しても，住民に早期に提供されることが重要となる

② 気象要因 ⇒ 水害

今後は豪雨の増加によって，水害被害も増加することが予想されるが，被災形態は変化する可能性がある。大河川よりも支川などの中小河川からの被害が増大するかもしれない。また，今後は日本近海の海水温上昇により，台風の勢力が増大し，水害規模が大きくなることが予想されるので，台風接近前の迅速な避難対策などが重要となる。海水温が26℃から28℃に上昇すると，台風の勢力は90パーセンタイルで，950 hPaから930 hPaに低下する（勢力が強くなる）と推測されている[1]。台風の勢力が強くなると，潮位が高い高潮が発生して，甚大な高潮災害や排水不良に伴う浸水災害が増大する危険性がある。また，温暖化すると植生の成長が早くなり繁茂するが，山地においては繁茂した植生による被覆以上に，豪雨による土砂生産が活発になる[2]ので，河道への土砂流入により河床が上昇し，洪水流下能力が低下することが懸念される。これに対しては維持管理的に土砂掘削を行ったり，河道内樹木（草本，木本）を伐採する必要がある

③ 社会要因 ⇒ 水害

25年ごとの社会的変化（**図8.2**）をみると，65才以上の高齢化率は増加し，5.7％（昭和35年）→ 10.3％（昭和60年）→ 23.0％（平成22年）となっており，過去50年間で約4倍に増加している。また，高齢化や晩婚化などに伴う一人暮らし世帯（単独世帯）の割合は，15.9％（昭和35年）→ 20.7％（昭和60年）→ 32.3％（平成22年）となっており，過去50年間で約2倍に増加している。加えて，国土交通白書（平成17年）によると，地域の人々との付き合いは都市

---

1) 山元龍三郎「頻発する集中豪雨，台風の来襲　地球温暖化が雨を増やすこれだけの理由」週刊エコノミスト，2000.10.31 特大号，毎日新聞社，2000年
2) 過去の温暖化では気温上昇に伴う植生被覆以上に，土砂生産が多かった

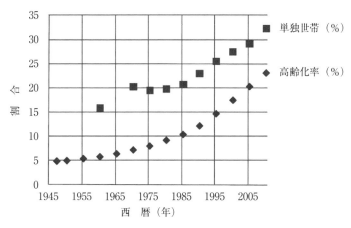

図 8.2 社会的変化の動向

部ほど，また単身世帯ほど少ない[1]ので，災害時の支援は難しくなると言える。こうした社会的変化は水害にも影響する。被災者に占める高齢者の割合は高いし，避難の妨げともなるからである。今後は高齢者でも避難できる，近隣の一時避難所（病院，マンションなど）の指定や，自主防災組織やNPOによる支援を行っていく必要がある。

また，高齢化やコミュニティ意識の低下によって水防団員数が減少し，団員の水防力が低下するため，これまで水防活動で防止していた洪水被害が防げなくなり，水害被害が増大する可能性がある。今後は定年年齢を引き上げるなどして，団員数を増やしたり，水防団OBや自主防災組織を加えた水防体制を構築していく必要がある。

④ 河川管理 ⇒ 水害

経済成長期に建設された施設が老朽化し，今後一斉に更新時期を迎える可能性が高いため，更新時期が集中しないように，平準化した施設更新計画をたてる必要がある（6.1（3）項）。効率的な更新計画の策定と実施ができなければ，被災が増大する危険性がでてくる。老朽化した施設が増えると，洪水流により

---

[1] 地域の人とほとんど，または全く付き合っていない人が町村で28％に対して，東京都区部と政令指定都市では45％であった。また，同上の割合が単身世帯ではその他の2倍以上と多かった

流失したり，施設裏の土砂が吸い出されて，施設が被災する場合がある。多少の河床変動やブロック流失でも，施設が大きく被災する危険性も高くなる。また，大河川の改修（堤防嵩上げ）が進むと，排水能力が低下する中小河川で水害が発生しやすくなるので，注意を要する。今後は中小河川の改修も進めるとともに，中小河川に関する情報提供も行うことが大事である。

　また，市町村合併（6.1（1）項）が進んだ結果，市町村の管理区域が広域化し，職員数の減少とあいまって，区域全域に目が届かなくなり，水害に十分対応できないケースがみられる。このように，行政機関の対応にも限界があるので，住民が自助を行えるよう，洪水時に気象・携帯電話会社から注意報・警報・避難情報を住民に提供してもらうとともに，避難活動をスムーズに進められる体制づくりを講じておく必要がある。

⑤ 河川管理 ⇒ 河川管理

　施設の巡視・点検頻度を増やして，施設の被災や劣化・損傷を早期に見つけられるようにする（6.1（3）項）。そして，迅速に対策をとることによって施設の健全化・延命化を図ることができ，ひいては施設被害を軽減することができる。

　東日本大震災後，水防団員や水門・樋門操作の委託員の活動時の安全確保が打ち出されたため，場合によっては水防活動や水門・樋門閉鎖が行われない事態も出てくる可能性がある。そうした状況下での対応を検討するため，洪水時に活動できなかったという情報を収集して，それを前提に減災対応を考える仕組みをつくることも管理上重要である。

　洪水流下能力を向上させるために，大幅に河積を増大すると，掃流力が減少するため，河岸などに土砂が堆積して，数十年後には元の河積に戻ってしまうことがある。こうしたことが起きないようにするには，河積を徐々に増大させたり，維持管理的に掘削を行う必要がある。

【執筆の最後にあたって】

　これまでの書籍の執筆は，筆者の執筆方針を出版社が承諾してから，または出版社の依頼を受けてから，執筆を開始することが多かった．その意味では，方針ありきで，その後に方針に基づいて執筆するというスタイルであった．しかし，今回は違った．まず書籍の骨子となる部分（ページ数でいえば，本著の半分程度であるが）を執筆して，小冊子「戦後 70 年の治水史」として印刷し，関係者へ配付した．この小冊子は技報堂出版へも配付され，出版価値を認めてもらって，出版の運びとなった．本著の特徴は「はじめに」にも記載したが，今後の治水のあり方を展望したことであり，そのために戦後 70 年の水害を回顧した点にある．加えて，豪雨から水害が発生するまでの水文・氾濫現象を系統的に整理できた点も特筆できる．

《文中の略称》

【英語】
ADCP：超音波ドップラー流速計（Acoustic Doppler Current Profiler）
FDS：流束差分離法（Flux Difference Splitting）
GHQ：連合国軍最高司令官総司令部（General HeadQuarters）
GPS：全地球測位システム（Global Positioning System）
HWL：計画高水位（High Water Level），D（Design）WHLと書く場合もある
ISDN：統合デジタル通信網（Integrated Services Digital Network）
JA：全国農業協同組合連合会（Japan Agricultural Cooperatives）
LCC：施設の建設，運用，廃止に至るまでに要するコスト（Life Cycle Cost）
MPレーダー：従来の水平偏波だけでなく，水平偏波と垂直偏波（Multi-Parameter）により，雨滴の粒径分布を調べる
NHK：日本放送協会（Nihon Hoso Kyokai）
NPO：非営利団体・組織（Non Profit Organization）
RTK：衛星の測位信号によるリアルタイムでの位置検出（Real Time Kinematic）
SS：土砂などの水中の浮遊物質（Suspended Solid）
TP：東京湾中等潮位（Tokyo Peil），peilはオランダ語で水位または基準面を表す。ほかに，AP(荒川など)，KP（北上川）などがある

【日本語】
アメダス：地域気象観測システム（Automated MEteorological Data Acquisition System）
激甚災害法：激甚災害に対処するための特別の財政援助等に関する法律
構造令：河川管理施設等構造令＜政令＞
国総研：国土技術政策総合研究所
国交省：国土交通省
災害弔慰金法：災害弔慰金の支給等に関する法律
社協：社会福祉協議会
総合治水対策：総合治水対策特定河川事業
想氾区域：洪水想定氾濫区域
地整：国土交通省の地方整備局
特定都市河川法：特定都市河川浸水被害対策法
土研：土木研究所
土砂災害防止法：土砂災害警戒区域等における土砂災害防止対策の推進に関する法律
防災集団移転法：防災のための集団移転促進事業に係る国の財政上の特別措置等に関する法律
水機構：水資源機構

付録1：平成27（2015）年関東・東北豪雨による鬼怒川破堤災害調査報告

山梨大学大学院　末次忠司

1. はじめに

　平成27（2015）年9月10日，鬼怒川において，昭和24（1949）年のキティ台風以来66年ぶりの破堤災害が発生した。この浸水地域は小貝川の破堤氾濫地域（昭和61年）であり，筆者は当時調査を行った経験もあることから，今回現地調査を実施し，調査・分析したことを速報として報告したい[1]。

2. 豪雨・被害の概要

　平成27（2015）年9月の台風17号などにより，9月9日から10日にかけて，関東～東北南部で豪雨が発生した。10日夕方までの48時間雨量は

　日光市618.5 mm，宇都宮市299 mm，小山市317 mm，筑西市186 mm（**図1**）

などであり，蛇行した偏西風により動きが遅くなった元台風18号に向け南西から入ってきた暖湿流と台風17号を取り巻く東からの湿った風がぶつかり，栃木西部を中心に長時間にわたり形成された南北方向の線状降水帯が原因であった。

　この豪雨により洪水となり，鬼怒川（常総市），那珂川支川箒川（那須塩原市）などで破堤災害が発生したほか，渡良瀬川支川巴波川（栃木市），那珂川支川黒川（鹿沼市），中川支川新方川（越谷市）などで氾濫し，東北地方をあわせると，19河川で破堤，64河川で氾濫が発生した。鬼怒川以外は規模の小さい県管理河川である。各県における死者数，被災家屋数[1]は以下のとおりである（9月17日の9時現在：消防庁情報）。

- 茨城県　3人　12 186棟
- 栃木県　3人　4 257棟
- 宮城県　2人　1 697棟

---

1) 内閣府「平成27年台風18号等による大雨に係る被害状況等について」2015年9月17日

付　録

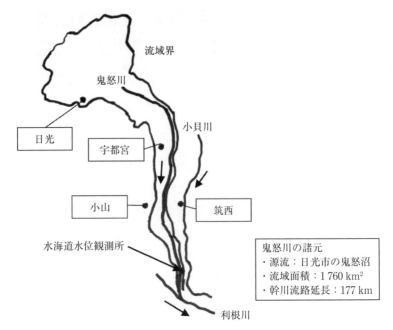

図1　鬼怒川流域図と雨量観測所

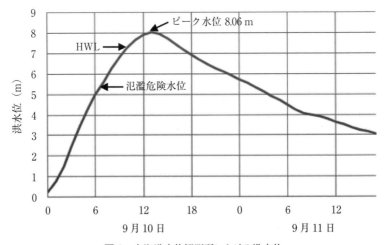

図2　水海道水位観測所における洪水位

3. 洪水・破堤状況

　栃木と茨城を流下する鬼怒川では上流で発生した豪雨により，9月10日未明より洪水位が上昇し，水海道水位観測所（11 k）では午前6時に避難判断水位（4.7 m）を超える4.97 m，7時に氾濫危険水位（5.3 m）を超える5.62 mを記録し，11時から16時までの5時間，計画高水位（7.33 m）を超過した（**図2**）。ピーク水位は13時の8.06 mであった。破堤箇所より約10 km下流にある観測所は利根川合流点より約10 km上流にあり，当時利根川の洪水位が低かったことより，利根川洪水の影響は少なかったと思われるが，水位上昇が上流より速かったことから河道貯留（川幅変化，高水敷，堰など）の影響があった可能性がある。

写真1　鬼怒川の破堤氾濫状況（出典：国土交通省九州地方整備局）

写真2(1)　破堤箇所近くで傾いた家屋
　　　　　　左が破堤箇所

写真2(2)　家屋の基礎・土砂が流失
　　　　　　破堤箇所から約80 m

この間，気象庁より9月10日の0：20に栃木県に，7：45に茨城県に大雨特別警報が発令された。洪水により，午前6時すぎに鬼怒川25k左岸の常総市若宮戸地区で幅150mにわたって越水が始まった。この区間には自然堤防があったが，太陽光発電事業者により約150m，高さ2mが削られていた。また，12：50に21k左岸の常総市三坂町上三坂地区で越水により堤防が破堤し，当初20mだった破堤幅は17時ごろ最終的に140mまで拡大した（**写真1**）。破堤は越水だけでなく，浸透が影響していた可能性もあるが不明である（破堤箇所は旧河道と交差する箇所で浸透が起こりやすい箇所である）。破堤は堤内地盤高以下まで洗掘されることが多いが，今回は高水敷が洗掘されずに残り，その分氾濫流量は少なかったものと思われる。破堤箇所近くの家屋は流失したり，傾いたりして，残っていた家屋も基礎や土台の土砂が流失していた（**写真2**）。堤防直角方向にいくつかの筋状の洗掘跡がみられたが，大きな落堀は形成されなかった。

4. 破堤氾濫の状況

氾濫水は破堤箇所近くでは堤防直角方向へ流下する流れと，破堤箇所近くの家屋に遮られた下流方向への流れがみられた（**図3**）。堤防直角方向への氾濫流が速く，最大で4m/s前後であった。また，氾濫水は約5km区間まで約900m/h，下流の水海道まで700m/hで伝播した。この伝播速度は通常の沖積平野における氾濫と同程度である。新潟県の刈谷田川（平成16年7月）の氾濫解析では破堤箇所より150〜200mの場所で4.5〜6km/hの伝播速度であった[1]。これらを総合すると，氾濫水は拡散に伴い，破堤箇所より14km/h→（数百mで）約5km/h→（数kmで）約1km/hと減速していることがわかる。浸水は鬼怒川と小貝川に挟まれた地域で起こり，面積は最大で40km^{2}に達した。長期間浸水していた区域（9/15の10：30時点での浸水区域）は国道294号線沿いの三坂新田町と沖新田町，国道354号線付近の平町と相野谷町で，特に平町付近は広範囲で浸水が残った（**図4**）。

浸水深の時間的変化は5分間で30cm上昇したという目撃証言があった。

---

1) 川口広司・末次忠司・福留康智「2004年7月新潟県刈谷田川洪水・破堤氾濫流に関する研究」水工学論文集，第49巻，2005年

① 破壊箇所近くの被災家屋

② 道路横の被災家屋

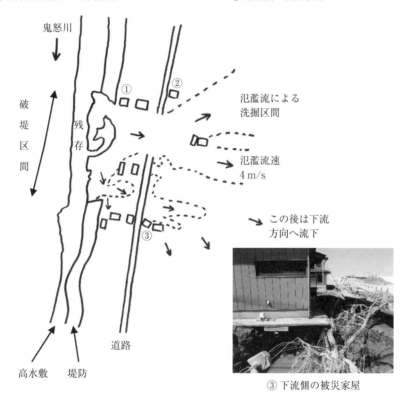
③ 下流側の被災家屋

図3　破堤箇所近くの氾濫水の挙動（口絵参照）

これは前述の刈谷田川における氾濫解析で，氾濫水の到達直後に一気に 50 ～ 70 cm 上昇したことに相当するものと思われる。一方最大浸水深[1]でみると，

---

1)　人家がある地域の浸水深である。水田では浸水深が 4 ～ 5 m の地域もあった

付 録

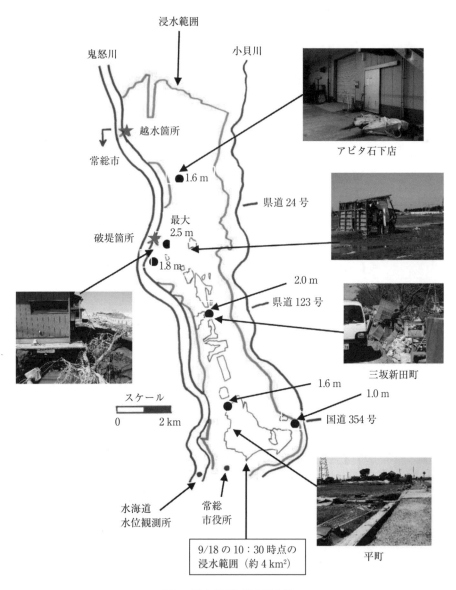

図 4 浸水範囲と最大浸水域

破堤箇所近くは 2.5 m あり，土砂も 0.5 m 堆積していた．また，下流の三坂新田町で 2 m 以上，破堤箇所の 400 m 南で 1.8 m，三坂新田町の西で 1.6 m であっ

148

写真3　氾濫水と家屋部材により倒されたフェンス（三坂新田町）
写真4　被災家屋から出された廃棄物（中妻町）

たほか，越水箇所と破堤箇所の中間にあるアピタ石下店でも1.6mであった（**図4**）。三坂新田町で浸水深が高くなったのは浸水範囲である鬼怒川と小貝川間の距離が短く，かつ自然堤防があり低地幅が狭くなっていて，水位が上がったためである。三坂新田町や平町などでは道路や歩道のアスファルトがめくれたり，道路沿いのフェンスが倒れており，氾濫水の流速も局所的に速かったものと思われる（**写真3**）。被災家屋からは大量の廃棄物が出たため，公園や道路に山積みにされた（**写真4**）。茨城県の推計では，常総市内で土砂を含め，2.4万トンの廃棄物が出ると見込まれている。鬼怒川流域で出たゴミや枯れ枝などは利根川へ流れ込み，河口の銚子漁港に押し寄せ，水面を埋め尽くした。

5. 行政機関の水害対応など

行政機関が水害時の9月10日にとった対応を時系列的にみれば，

0：20　気象庁が栃木県に大雨特別警報を発令
2：20　常総市が玉地区などに避難指示
6：00すぎ　常総市若宮戸地区で越水
7：00　氾濫危険水位を超える（水海道水位観測所）
7：14　常総市が大雨注意情報
7：45　気象庁が茨城県に大雨特別警報
9：05　茨城県知事が陸上自衛隊に出動要請
9：25　篠山地区などに避難指示
9：50　水海道元町地区などに避難指示

付　録

10：30　中三坂上地区などに避難指示
11：00　計画高水位を超える
11：40　大輪町地区などに避難指示
11：55　坂平地区などに避難指示
12：50　上三坂地区で破堤
13：08　上三坂地区など鬼怒川東側の全地区に避難指示
14：30前　自衛隊がヘリで救出開始
＊ほかに避難勧告発令あり

であったが，破堤箇所近くの地区には破堤前までに避難勧告・指示は出されなかった。常総市によると，国交省や住民からの水位情報に基づいて，避難指示を発令していたとのことである。市では避難指示を出す具体的な基準を定めていなかった。また常総市では避難指示や勧告などを大手3社の携帯電話を持っている人に一斉に送る「緊急速報メール」を平成24（2012）年3月から開始していたが，今回は災害対応で手が回らず，送ることができなかった[1]。

氾濫に対して，各個人は危機回避対応を行った。そのいくつかの事例を列挙する。

・水流に流されたが電柱につかまり，流れに耐えた。流されたときのために流木を足元にはさんでおき，自分の足のほうに流れてきたゴミや木は手で払いのけた

写真5　破堤箇所の仮締切り

写真6　二重式矢板工に用いる矢板

---

1)　朝日新聞朝刊，2015年9月21日

・浸水が急激に上昇してきたため，屋根の上に避難した．家が流され始めたので，アンテナのコードをつかんで，ふり落とされないようにした

　浸水は10日夜より最大で60台の排水ポンプ車を使って，浸水域下流において小貝川へ排水されたほか，八間堀川(はっけんぼり)を通じて浸水下流域で小貝川へ排水された．ポンプ車による総排水量は約865万m^3で，これらの排水効果により19日には浸水はほとんど解消した．

　破堤箇所では割栗石・根固めブロック・連節ブロックなどにより，高さ約4 m，長さ200 mの荒締切りが行われ，16日の5時に完成した（**写真5**）．また，堤外地に600枚の矢板（**写真6**）を用いた，二重式矢板工による仮堤防（250 m）が建設され，24日夜に仮復旧工事が完成した．これを受けて，9月25日の14:30に常総市内に出されていた避難勧告・指示が解除になった．また，9月24日には休校となっていた常総市内の6小中学校で授業が開始された．

　茨城県内の避難状況，ライフライン停止状況（ピーク時）[1] は以下のとおりであった．

・避難者数　　35市町村　　　10 390人
・避難指示　　 9市町　　　　94 687人
・避難勧告　　15市町村　　 178 427人
・停　　電　　 5市　　　　約11 300戸
・断　　水　　 2市　　　　約11 800戸

　常総市と境町では，被災者生活再建支援法に基づいて，全壊世帯には最大で300万円が支給される予定である．

6. おわりに

　今回の水害では水害に関する多数の動画が撮影されたり，さまざまな調査が実施された．これらを通じて，現象が明らかにされることが期待されるが，特に破堤箇所からの距離に対する氾濫水の挙動が明らかになり，今後氾濫解析の精度向上を図っていくことへの応用が考えられる．

---

1) 「平成27年台風18号等に係る関係省庁災害対策会議資料」2015年9月14日

付録2：水害論・洪水論などに関する書籍

発行年	水害・防災論	発行年	河川・洪水論
		平成17(2005)年	福岡捷二『洪水の水理と河道の設計法』森北出版
平成16(2004)年	末次忠司『河川の減災マニュアル』山海堂→技報堂出版（平成21年）		
		平成8(1996)年	町田 洋・小島圭二『自然の猛威』岩波書店
		平成6(1994)年	山本晃一『沖積河川学』山海堂→『沖積河川』技報堂出版（平成22年）
		平成5(1993)年	中島秀雄『図説 河川堤防』技報堂出版
昭和60(1985)年	宮村 忠『水害』中央公論社→関東学院大学出版会（平成22年）		
昭和52(1977)年	高橋浩一郎『災害論』東京堂出版		
		昭和49(1974)年	高山茂美『河川地形』共立出版
		昭和48(1973)年	小出 博『日本の国土（上）（下）』東京大学出版会
昭和46(1971)年	高橋 裕『国土の変貌と水害』岩波書店 矢野勝正『水災害の科学』技報堂		
		昭和45(1970)年	小出 博『日本の河川』東京大学出版会
昭和39(1964)年	佐藤武夫・奥田 譲・高橋 裕『災害論』勁草書房		
昭和33(1958)年	佐藤武夫『水害論』三一書房	昭和33(1958)年	矢野勝正『洪水特論』理工図書
昭和30(1955)年	小出 博『日本の水害』東洋経済新報社		
昭和27(1952)年	安芸皎一『水害の日本』岩波書店		
昭和24(1949)年	安芸皎一『水害』学生書房		

＊出版社についている→印は加筆・修正して再出版したことを表している

付録 3：知っておくと便利な数値

項　目	覚えておくと便利な数値
洪水位上昇速度	大河川は速くて 4〜5 m/h 中小河川は 10 m/h 以上の河川もある：特に都市河川
浸水上昇速度	10〜20 cm/10 分：内水氾濫でもこの速度の場合あり 破堤箇所近くでは，氾濫水到達直後，瞬時に 50〜70 cm 上昇した後，20〜40 cm/10 分上昇
氾濫水の伝播速度	破堤箇所近く　　数百 m 流下　　数 km 流下 14 km/h　　→　　5 km/h　　→　　1 km/h 急勾配流域では，数 km 流下しても 4〜5 km/h の場合あり
家屋の全壊・流失限界	氾濫水の流速 v，水深 h に対して $v^2 h > (10 \sim 20)\,\mathrm{m}^3/\mathrm{s}^2$
水害発生の目安	時間雨量が 40 mm 以上で水害が発生し，70 mm 以上になると大きな水害となることが多い
避難可能水深	成人男性で h<50 cm で安全に避難できる 　　　　　　h≧50 cm では避難に危険伴う
水中歩行速度	成人男性で 0<h<50 cm で 1.6 km/h 　　　　　50 cm≦h<1 m で 1.1 km/h
雨量と流出土砂量	雨量が少なくても土砂は流出するが，日雨量が 400 mm 以上になると，確実に大量の土砂流出がある
ダムの比堆砂量 （または比供給土砂量）	100〜500 m³/年/km² これは流域の侵食 0.1〜0.5 mm/年に相当 1 000 m³/年/km² 以上のダムは比堆砂量が多い
土砂の移動限界水深	$d \geq 3\,\mathrm{cm}$ では，$\tau_* = u_*^2 / sgd = hI/sd > 0.06$ より $h > 0.1\,d/I$（I は河床勾配） 例えば，$d = 1\,\mathrm{mm}$ では $hI/sd > 1$ より，$h > 1.6\,d/I$
大規模崩壊土砂量	1 か所あたりで約 1 億 m³ 全国の山地からの平均年間土砂流出量　約 2 億 m³
橋脚周辺の洗掘	橋脚周辺は洪水流により，最大で橋脚幅(横断幅)の 1.5 倍の深さで洗掘される

【著者略歴】

末次忠司（すえつぎ・ただし）

山梨大学 大学院 総合研究部 工学域 土木環境工学系 教授
1980 年　九州大学 工学部 水工土木学科 卒業
1982 年　九州大学 大学院 工学研究科 水工土木学専攻 修了
1982 年　建設省 土木研究所 河川部 総合治水研究室 研究員
1988 年　　〃　　　企画部 企画課 課長補佐
1990 年　　〃　　　企画部 企画課 課長
1992 年　　〃　　　河川部 総合治水研究室 主任研究員
1996 年　　〃　　　河川部 都市河川研究室 室長
2000 年　　〃　　　河川部 河川研究室 室長
2006 年　財団法人ダム水源地環境整備センター 研究第一部 部長
2009 年　独立行政法人土木研究所 水環境研究グループ グループ長
2010 年　山梨大学 大学院 医学工学総合研究部 社会システム工学系 教授
2012 年　山梨大学 大学院 総合研究部附属 国際流域環境研究センター 教授
博士（工学），技術士（建設部門）

◎主要な著書
・末次忠司『図解雑学　河川の科学』ナツメ社，2005 年
・末次忠司『これからの都市水害対応ハンドブック』山海堂，2007 年
・国土交通省国土技術政策総合研究所監修・水防ハンドブック編集委員会編『実務者のための水防ハンドブック』技報堂出版，2008 年（共著）
・末次忠司『河川の減災マニュアル』技報堂出版，2009 年
・末次忠司編著『河川構造物維持管理の実際』鹿島出版会，2009 年（共著）
・末次忠司『河川技術ハンドブック』鹿島出版会，2010 年
・末次忠司『水害に役立つ減災術―行政ができること　住民にできること―』技報堂出版，2011 年
・末次忠司『もっと知りたい川のはなし』鹿島出版会，2014 年
・末次忠司『実務に役立つ総合河川学入門』鹿島出版会，2015 年
＊単著と，著者が中心となって編集した共著を示した

水害から治水を考える
教訓から得られた水害減災論

定価はカバーに表示してあります。

2016年8月25日　1版1刷発行		ISBN978-4-7655-1838-3 C3051	

	著　者	末　次　　忠　司
	発行者	長　　　滋　彦
	発行所	技報堂出版株式会社

〒101-0051　東京都千代田区神田神保町1-2-5

日本書籍出版協会会員
自然科学書協会会員
土木・建築書協会会員

電　話	営　業 (03) (5217) 0885
	編　集 (03) (5217) 0881
	Ｆ Ａ Ｘ (03) (5217) 0886
振替口座	00140-4-10
Ｕ　Ｒ　Ｌ	http://gihodobooks.jp/

Printed in Japan

©Tadashi Suetsugi. 2016

装丁：田中邦直　印刷・製本：昭和情報プロセス

落丁・乱丁はお取り替えいたします。

JCOPY ＜出版者著作権管理機構　委託出版物＞

本書の無断複写は著作権法上での例外を除き禁じられています。複写される場合は，そのつど事前に，出版者著作権管理機構（電話 03-3513-6969，FAX 03-3513-6979，e-mail:info@jcopy.or.jp）の許諾を得てください。

◆ 小社刊行図書のご案内 ◆

定価につきましては小社ホームページ（http://gihodobooks.jp/）をご確認ください。

水害に役立つ減災術
―行政ができること　住民にできること―

末次忠司 著
A5・190頁

【内容紹介】洪水災害や氾濫被害を減災するために必要な知識を46の項目にして解説した書。東日本大震災からの教訓により，これまであまり言及されてこなかった「危機的状況を想定」し，その状況に対応する減災体制・方策を例示した。避難や浸水流入防止策等の住民対応についても記述し，減災に取り組もうとしている行政機関はもとより，一般住民の自助の減災マニュアルとしても活用できる。

河川の減災マニュアル
―現場で役立つ実践的減災読本―

末次忠司 著
A5・394頁

【内容紹介】近年，地球温暖化に起因すると思われる豪雨が多発しており，特に人口・資産が集積する都市水害が深刻化している。そのため水害は減少しているもののその被害額は減少していない。そこで行政は，従来の被害を押さえ込む「防災」から被害を軽減する「減災」にシフトしつつある。本書は，水害被害の現状，その素因，誘因である気象，地形，土砂動態から，水害のハード，ソフト対策まで，「減災」の考え方や手法を体系的にとりまとめた実務書である。

実務者のための
水防ハンドブック

国土交通省国土技術政策総合研究所 監修／
水防ハンドブック編集委員会 編
A5・318頁

【内容紹介】水防活動に関係する川の基礎知識，災害危険性の見方，水防体制，水防工法，水防ノウハウ，改正水防法について分かりやすく記述した書。とくに水防工法（43工法）に関しては，現地で効果的かつ効率的に実施できる水防ノウハウを図面と文章で具体的に解説した。水防に携わる水防・消防団員，消防署職員，自治体職員，自衛隊員，ボランティアなどの方々にとって，非常に参考となる水防のノウハウ集である。

沖積河川　―構造と動態―

山本晃一 著／
河川環境管理財団 企画
A5・600頁

【内容紹介】本書は沖積層を流れる河川の構造特性とその動態について説明したものである。第Ⅰ部で説明に必要となる移動床の水理について記したうえで，第Ⅱ部で中規模河川スケール，第Ⅲ部で大規模河川スケールの構造を規定する要因と発達プロセスを説明し，第Ⅳ部では事例をあげ，その理論の適応性を検証した。河川計画・設計の基礎理論の底本となる書籍である。

技報堂出版　TEL 営業03(5217)0885　編集03(5217)0881
FAX 03(5217)0886